NFC - Älyä älypuhelimeen

Juhani Pihkala

NFC - Älyä älypuhelimeen

Toinen, uudistettu painos

Suomen tietokirjailijat ry on tukenut tämän kirjan tekemistä
Kannen valokuva Designed by Creativeart / Freepik

nfc.tagit@gmail.com

Kustantaja: BoD – Books on Demand, Helsinki, Suomi
Valmistaja: BoD – Books on Demand, Norderstedt, Saksa

ISBN: 9789523303171

Sisällysluettelo

Aluksi

NFC (Near Field Communication) on lyhyen kantaman tiedonsiirtotekniikka. Nykyaikaisissa, varsinkin ”paremman luokan” älypuhelimissa sekä joissakin tableteissa ja tietokoneissa on NFC-ominaisuus. Vaikka monilla jo onkin tällainen NFC-ominaisuudella varustettu älypuhelin, sen NFC-ominaisuuden suomia mahdollisuuksia ei välttämättä tunneta ja hyödynnetä.

NFC-teknologian avulla voit käyttää älypuhelintasi aivan uudella tavalla. Koskettamalla puhelimellasi *NFC-tagia* tai laitetta, joka sisältää NFC-tagin, voit käynnistää palveluita tai kerätä ja välittää tietoa. NFC-tagi on pieni *muistilaite*, joka kiinnitetään haluttuun kohteeseen. – NFC-tagia kutsutaan myös *NFC-tägiksi* ja *NFC-tunnisteeksi.* Tässä kirjassa käytetään nimitystä *NFC-tagi.*

NFC-tagien lukemiseksi et tarvitse hiirtä tai näppäimistöä eikä sinun tarvitse klikata mitään painiketta. Voit lukea tagin hipaisemalla tai koskettamalla sitä NFC-puhelimesi NFC-lukukohdalla. Puhelin piippaa tai värisee sen merkiksi, että luku on onnistunut. Puhelin lukee tagissa olevan informaation ja toimii sen mukaisesti.

Useimmiten NFC-tagiin on kirjoitettu toiminto, joka johdattaa lukijansa Internetin www-sivuille. Voit lukea näin vaikkapa verkkolehden, ravintolan ruokalistan, laitteen käyttöohjeen, julkisen liikenteen aikataulutiedot tai hankkia tietoa infopisteistä. Tavalliset kuluttajat käyttävät NFC-tekniikkaa pääasiassa maksaessaan ostoksiaan NFC-sirulla varustetulla *maksukortilla* tai yhä useammin myös *älypuhelimella.*

Älypuhelimen käyttäjiä varten on tehty lukuisia NFC-sovelluksia, joita voit ladata omaan puhelimeesi Internetistä. Niiden avulla voit kirjoittaa ilman erityisiä ohjelmointitaitoja tageihin puhelimen toimintaan liittyviä ja muita arkiaskareita helpottavia toimintoja.

Android

NFC-logo

NFC-tagi

Tässä kirjassa käsitellään *Android-käyttöjärjestelmän* mukaisia NFC-puhelimia ja NFC-sovelluksia. Koska Android puhelimet ja niiden käyttöjärjestelmän eri versiot poikkeavat jonkin verran toisistaan, saattaa joissakin ohjeissa olla epätäsmällisyyksiä. Vastaavasti NFC-sovellusten päivitysten myötä sovellusten ominaisuuksiin voi tulla muutoksia. Kirjan ohjeet on tehty *Android-versio 9*:n mukaisesti.

Jos jokin puhelimen/tabletin ominaisuus ei tahdo löytyä kirjan ohjeiden mukaisesti oman laitteesi *Asetuksista* (Hammasratas-ikoni), kannattaa ominaisuutta *etsiä* asiaa kuvaavan *avainsanan perusteella.* Etsi-toiminnon löydät Asetukset-välilehden yläosasta.

Kirja on tarkoitettu harrastekäyttöön. Vaikka kirja on tehty huolella, tekijä ei takaa tietojen oikeellisuutta tai sopivuutta mihinkään käyttötarkoitukseen. Kirjan tekijä ei ole vastuussa tappiosta tai vahingosta liittyen kirjan informaation käyttöön.

Linkitykset muiden osapuolten www-sivustoille ovat ainoastaan informatiivista tarkoitusta varten eikä sivujen tekijä ole vastuussa näiden linkkien sisällöstä. Tekijällä ei ole suhdetta tavaramerkkeihin tai niiden omistajiin.

Kirjan QR-koodeilla saat lisäinformaatiota

Kirjassa on linkkejä *Google Play -sovelluskauppaan,* josta voit ladata älypuhelimeesi NFC-sovelluksia. Lisäinformaatiota löydät myös tämän kirjan *NFC-Internetsivuille* ja *kirjan oheismateriaaleihin* johtavien linkkien kautta. Jotta linkkejä ei tarvitse kirjoittaa www-selaimen osoitekenttään käsin, linkit on esitetty myös *QR-koodina.*

QR-koodi

Kun luet mobiililaitteellasi (älypuhelimella tai tabletilla) QR-koodin, siirryt kätevästi QR-koodin osoittamalle www-sivulle.

> Kirjaan painettujen linkkien toimivuudelle ei voi antaa niiden elinikää pidempää takuuta, sillä Internetin luonteeseen kuuluu, että sovelluksia ja www-sivustoja syntyy ja poistuu jatkuvasti.

Jotta voisit lukea kirjassa esiintyviä QR-koodeja, sinulla tulee olla *älypuhelin tai tabletti.* Tarvitset myös *Internet-yhteyden* sekä *QR-koodien lukijasovelluksen.* Jos puhelimeesi ei ole jo asennettu QR-koodin lukijasovellusta, voit ladata puhelimeesi sellaisen *Google Play Kaupasta.*

> *QR Droid Code* Scanner (Suomi) on monipuolinen ja helppokäyttöinen QR-koodien lukijasovellus. Voit ladata sen puhelimeesi osoitteesta: *https://bit.ly/qr-luku*

Voit lukea QR-koodeja myös joillakin älypuhelimien ja tablettien Internetselaimilla, kuten *Edge, Opera, Firefox ja CM Browser* tai älypuhelimen kamerasovelluksella.

NFC-tekniikka

Voit hyödyntää puhelimesi NFC-ominaisuutta kolmessa eri toimintatilassa.

A. **NFC-tagien lukeminen ja kirjoittaminen: Voit lukea ja kirjoittaa tageja hipaisemalla (näpäyttämällä, koskettamalla) niitä NFC-toiminnolla varustetulla älypuhelimella.**

B. Sisällön jakaminen: Koskettamalla älypuhelimella toista puhelinta tai laitetta voit siirtää informaatiota puhelimesta toiseen puhelimeen tai esimerkiksi kaiuttimeen.

C. Korttiemulointi: Korttiemulointi-tilassa älypuhelin voi toimia esimerkiksi maksu- tai matkakorttina.

A. NFC-tagien lukeminen ja kirjoittaminen

Jotta voisit hyödyntää puhelimesi (tai muun lukijalaitteen) NFC-ominaisuutta, sinulla tulee olla käytettävissä

1. **NFC-toiminnolla varustettu lukijalaite (älypuhelin, tablettitietokone, tietokone tai muu lukijalaite**

2. NFC-tagi tai kortti, esine tai laite, johon NFC-tagi on upotettu

3. NFC-tagien luku- ja kirjoitussovellus.

1. NFC-toiminnolla varustetut lukijalaitteet

A. NFC-toiminnolla varustetut älypuhelimet

Onko sinun puhelimessasi NFC-ominaisuus?

Jos et ole varma, onko sinun puhelimessasi NFC-ominaisuus, voit varmistaa asian jollakin seuraavista menetelmistä:

- Katso löytyykö puhelimesi takapuolelta NFC:n kosketuskohdan ilmaiseva merkki (esimerkiksi N-logo).

- Katso laitteesi asetuksista (*Asetukset-kuvake, Hammasratas*), löytyykö sieltä mainintaa NFC:stä. Esimerkiksi: *Asetukset* > *Yhteydet*

- Vedä näytön yläreunan ilmoituspalkista kahdella sormella alaspäin ja katso löytyykö puhelimesi asetuksista NFC (Ominaisuus päällä/pois päältä).

- Voit myös käyttää Asetuksien *etsi-toimintoa*: Valitse Hammasratas tai vedä näytön yläreunan ilmoituspalkista kahdella sormella alaspäin
  – Valitse *Suurennuslasin kuva* (*Etsi*)
  – Kirjoita etsittävä asia (= NFC) *Etsi*-kenttään.

- Avaa puhelimesi takakansi, mikäli mahdollista. Katso, näkyykö siellä merkkiä puhelimen NFC-ominaisuudesta. NFC-antenni voi olla akun yhteydessä, jolloin siitä saattaa olla maininta akussa. – Monien puhelimien takakantta ei voi avata.

- Selaa NFC-mobiililaitteiden luetteloita ja katso, löytyykö oma puhelimesi sieltä. Monet www-sivustot ylläpitävät puhelimien ja tablettien käyttöjärjestelmän ja laitetyypin mukaan lajiteltuja NFC-mobiililaiteluetteloja.

NFC-mobiililaitteet
https://bit.ly/nfc-mobiili

B. NFC-ominaisuuden lisääminen oheislaitteella

… älypuhelimeen ja tablettiin

Jos puhelimessa tai tabletissa ei ole NFC-ominaisuutta, kannattaa hankkia uusi puhelin, josta sellainen löytyy. Voit lisätä NFC-ominaisuuden puhelimeesi myös lisälaitteella, mutta se tuskin kannattaa.

- Mobiililaitteen kuulokeliittimeen kiinnitettävän NFC-lukijalaitteen avulla saat NFC-ominaisuuden sekä Android-laitteisiin että Applen mobiililaitteisiin. Etsi NFC-lisälaitteita verkosta esimerkiksi haulla ”*NFC reader phone jack” (ACR35, Arete Pop, FloJack, ...)*

- NFC-ominaisuuden voit saada puhelimeen myös hankkimalla joko NFC Micro SD -muistikortin, NFC-SIM -kortin, NFC:llä varustetun puhelimen suojakuoren tai NFC-maksutarran. Näiden vaihtoehtojen käyttö puhelimen toimintojen automatisointiin on kuitenkin rajallinen.

… tietokoneeseen

Hyvin harvoissa tietokoneissa on NFC-ominaisuus valmiina. Sellainen löytyy kuitenkin esimerkiksi joistakin *HP, Dell, Levono, Sony ja Fujitsu -tietokoneista.*

Liittämällä tietokoneen USB-porttiin *ulkoisen NFC-lukijan* saat NFC-ominaisuuden sellaiseen tietokoneeseen, jossa sitä ei alun perin ole. Tietokoneen USB-porttiin liitettäviä NFC-tagien lukemiseen ja kirjoittamiseen soveltuvia laitteita voit hankkia verkkokaupoista. Tietokoneen USB-porttiin kiinnitettävä NFC-lukija/kirjoittaja vaatii tietokoneelle asennettavan ohjelman.

Identive SCL3711 *ACR122U USB NFC Reader*

Tietokoneen USB-porttiin liitettäviä NFC-lukijoita
https://bit.ly/pc-lukijat

C. Puhelimen NFC-ominaisuuden käyttöönotto

Ennen kuin voit hyödyntää NFC-puhelintasi, sinun tulee ottaa puhelimesi NFC-ominaisuus käyttöön. Käyttöönotto tapahtuu puhelimen *asetuksista*. Käyttöönotto voi vaihdella jonkin verran riippuen puhelimesi merkistä ja Android-käyttöjärjestelmän versiosta.
– Huom! Jos jokin puhelimen/tabletin ominaisuus ei tahdo löytyä kirjan ohjeiden mukaisesti oman laitteen Asetuksista (Hammasratas-ikoni), kannattaa ominaisuutta *etsiä* asiaa kuvaavan *avainsanan perusteella*. Etsi-toiminnon löydät Asetukset-välilehden yläosasta. 🔍

1. Näpäytä puhelimesi *Asetukset*-kuvaketta (*Hammasratas*). Voit myös vetäistä sormella näytön yläreunan ilmoituspalkista alaspäin ja näpäyttää sitten Hammasratas-kuvaketta.

2. Valitse (käyttöjärjestelmän versiosta riippuen esimerkiksi) *Asetukset > Yhteydet > NFC ja maksu.*

3. Siirrä NFC-valitsin oikealle, jolloin NFC-toiminto aktivoituu ja valitsin muuttuu siniseksi. – Valinta sallii tiedonsiirron, kun puhelimen NFC-lukukohta koskettaa toista laitetta, esimerkiksi NFC-tagia, toista puhelinta tai maksupäätettä. Näin voit jakaa tietoja sekä lukea tai kirjoittaa NFC-tunnisteita. Voit suorittaa myös mobiilimaksuja otettuasi oman pankkisi mobiilimaksupalvelun käyttöön.

Samalla kun otat puhelimen NFC-ominaisuuden käyttöön, kannattaa ottaa käyttöön myös puhelimen *Android Beam* -toiminto. Tällöin voit jakaa esimerkiksi www-linkkejä, www-sivuja, reittiohjeita, videoita, kuvia, äänitiedostoja tai yhteystietoja kaverillesi.

2. NFC-tagit

Jotta voisit hyödyntää puhelimesi (tai muun lukijalaitteen) NFC-ominaisuutta, sinulla tulee olla käytettävissä

1. NFC-toiminnolla varustettu lukijalaite (älypuhelin, tablettitietokone, tietokone tai muu lukijalaite).

2. **NFC-tagi tai kortti, esine tai laite, johon NFC-tagi on upotettu.**

3. NFC-tagien luku- ja kirjoitussovellus.

1. NFC-tagien ominaisuudet

NFC-tagit ovat pieniä kutakuinkin postimerkin kokoisia pyöreitä tai suorakaiteen muotoisia muistilaitteita, jotka kiinnitetään haluttuun kohteeseen. NFC-tageja kutsutaan myös *NFC-tägeiksi* ja *NFC-tunnisteiksi*. Tässä kirjassa käytetään nimitystä *NFC-tagi*.

Tarratyyppisten tagien takana on yleensä suojapaperi ja liimapinta. NFC-tagien halkaisija on useimmiten 25–50 mm. – NFC-tagi voidaan myös ”piilottaa” eli upottaa esimerkiksi avainrenkaaseen, rannekkeeseen, kuulokkeisiin, kaiuttimeen, maksukorttiin tai vaikkapa avainkorttiin.

NFC-tageja

Tageja käytetään kommunikoimaan aktiivisen NFC-laitteen – esimerkiksi älypuhelimen – kanssa. *Itse NFC-tagit ovat passiivisia tageja, joissa ei ole paristoja, vaan ne saavat kommunikointiin tarvitsemansa energian suoraan esimerkiksi NFC-ominaisuudella varustetusta puhelimesta tai vaikkapa kuulokkeista, kaiuttimesta tai muusta laitteesta.*

NFC-tekniikka ei vaadi suoraa yhteyttä puhelimen ja tagin välille. Yhteys perustuu sähkömagneettiseen induktioon radiotaajuudella 13,56 MHz. NFC-yhteys soveltuu pienten tietomäärien siirtoon. Suurempia tietomääriä siirrettäessä NFC-tekniikkaa käytetään ensin avaamaan yhteys ja varsinainen tiedonsiirto tapahtuu langattomasti Bluetoothin tai Wi-Fi:n avulla.

2. NFC-tagien rakenne

NFC-tagissa on pienen pieni *muistisiru*, johon on kiinnitetty *antenni*. Mikrosirun ja antennin yhdistelmää kutsutaan *NFC-tagiksi*. Mikrosirun muistikapasiteetin määrä ilmaistaan *tavuina*. NFC-tagin mikrosiru sisältää tyypillisesti esimerkiksi 144 tavua muistia. Yksi tavu vastaa suunnilleen yhtä kirjainta tai numeroa. Kun kirjoitat esimerkiksi älypuhelimen sovelluksella tagiin informaatiota, mikrosirulle tallentuu kirjoittamasi informaation lisäksi samalla myös kulloisenkin NFC-toiminnon mukaista informaatiota.

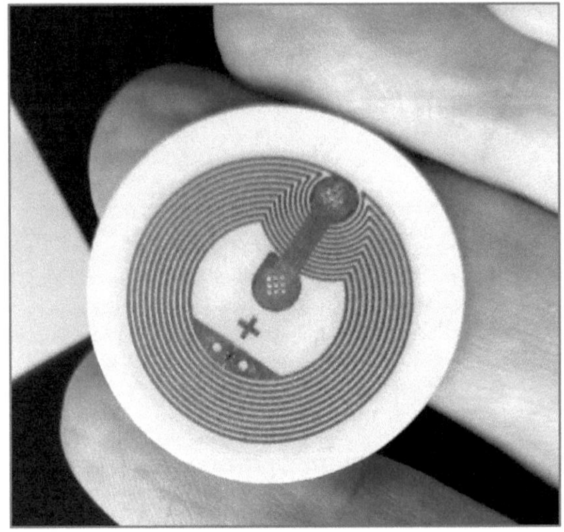

Tarratyyppinen NFC-tagi.

Liimapintainen suojapaperi, mikrosiru ja antenni. - Mikrosiru on pieni musta piste kahden valkoisen pisteen välissä.

3. N-Mark -logo

Alan johtavat laite- ja tuotevalmistajat ovat perustaneet *NFC Forumin*, jonka tavoitteena on edistää NFC:n standardisointia, kehittymistä ja käyttöönottoa.

NFC Forum on rekisteröinyt erilaisissa NFC-laitteissa ja -tageissa käytettävän NFC-ominaisuutta kuvaavan *N-Mark -logon*. Sen käyttö ei ole kuitenkaan täysin vakiintunut, vaan sen sijaan käytetään joskus muunkinlaisia logoja.

Julisteessa, laitteessa, maksukortissa tai vaikkapa käyntikortissa pitää käyttää N-Mark -logoa osoitukseksi siitä, että kohteessa on NFC-tagi ja mitä kohtaa lukijan tulee hipaista NFC-puhelimellaan lukeakseen tagin. Mikäli mahdollista, NFC-tagin yhteyteen on hyvä lisätä vielä teksti ”*NFC*” ja esimerkiksi ohje: ”*Hipaise NFC-tagia puhelimellasi*”.

NFC Forum
https://nfc-forum.org

4. Tagien fyysinen koko

NFC-tagit ovat useimmiten pyöreitä. Niiden halkaisija on 25–50 mm. Tagin antennin halkaisija on jonkin verran esimerkiksi tarra-tagin halkaisijaa pienempi. On myös suorakaiteen ja neliön muotoisia tageja. Pienimpien tagien koko voi olla vain 4 x 4 mm. Ihon alle sijoitettavat lasikuoriset NFC-implantit voivat olla kooltaan vain esimerkiksi 2 x 8 mm.

Luettavuuden kannalta NFC-tagin antennin tulisi olla mahdollisimman suuri. Tagin käyttötarkoitus, muotoilu, sijoitus ja hinta vaikuttavat tagin valintaan.

5. Tagityypit

NFC Forum standardi luokittelee NFC-tagit viiteen eri tyyppiin niiden kommunikointinopeuden, muokattavuuden, muistin, turvallisuuden ja datan säilyttämisen perusteella. Nämä ovat NFC Forum

- Tyypin 1 tagit
- Tyypin 2 tagit
- Tyypin 3 tagit
- Tyypin 4 tagit
- Tyypin 5 tagit.

Uudet, Tyypin 5 tagit ovat pienikokoisia ja niille luvataan jopa 7 cm:n lukuetäisyys.

6. Tagien muistikapasiteetti

NFC Forum Tyypin 2 tagit ovat edullisia ja ne soveltuvat useimpiin käyttötarkoituksiin. Tyypin 2 tageille voidaan kirjoittaa ja uudelleen-kirjoittaa informaatiota. Tyypin 2 mukaisia tageja ovat mm. NTAG203, NTAG210, NTAG212, NTAG213, NTAG215 ja NTAG216.

NTAG213 on hyvä yleiskäyttöön sopiva tagi, jossa muistia on käytettävissä 144 tavua. Tagille mahtuu esimerkiksi www-osoitteen (URL) http:// -alun lisäksi noin 132 kirjainta. Tyypin 2 tagien tiedonsiirtonopeus on 106 kbit/s. Tyypin 2 tagit voidaan myös kirjoitussuojata, ei kuitenkaan vanhaa NTAG203-tagia. NTAG203-tageja ei enää valmisteta, mutta niitä voi vielä olla myynnissä.

Tagi	**NTAG 203**	**NTAG 210**	**NTAG 212**	**NTAG 213**	**NTAG 215**	**NTAG 216**
Muisti, tavua	168	80	164	180	540	924
Muistia käytettävissä, tavua	137	48	128	144	504	888
Maksimi URL:n pituus, kirjainta	132	41	122	132	492	854
Tekstin maksimipituus, kirjainta	130	39	120	130	490	852

Muita NFC-tageja, mm.:
- Topaz 512 (BCM512)
- Ultralight, Ultralight C
- MIFARE Classic 1k, 4k
- FeliCa

Joidenkin *NFC-tagien kirjoitusohjelmien* avulla näet tagiin kirjoitettavan informaation vaatiman muistin määrän. Esimerkiksi Internet-osoite *https://kauppalehti.fi* vaatii tagilta muistia 19 tavua. *Here-navigaattorisovelluksen* käynnistys-tagin muistin tarve on 61 tavua. Mitä enemmän tagiin kirjoitetaan informaatiota, sitä suurempi sen muistin pitää olla.

Kaikki puhelimet eivät välttämättä pysty lukemaan kaikentyyppisiä tageja. Oheisen linkin kautta näet taulukon (puhelimen merkki, malli, käyttöjärjestelmä ja tagin yhteensopivuus), jossa on esitetty eri älypuhelimien ja tablettien yhteensopivuus erilaisten tagien kanssa.

NTAG ja MIFARE Ultralight -tagit ovat puhelimen yhteensopivuuden kannalta varmin valinta.

Puhelimien ja tagien yhteensopivuus
https://bit.ly/nfc-sopivuus

7. Tagin valinta

On tärkeää valita oikeanlainen NFC-tagi oikeaan paikkaan. NFC-tagi kannattaa valita sen muistin tarpeen mukaisesti. Ei kannata valita käyttötarkoitukseensa liian suurimuistista tagia, sillä tagien hinta kasvaa niiden muistikapasiteetin lisääntyessä

Valittaessa tagia tiettyyn tarkoitukseen tulee ottaa huomioon mm. tagin

- muistikapasiteetti
- uudelleenkirjoitettavuus
- fyysinen muoto ja koko
- antennin koko
- muoto; esimerkiksi tarra, ranneke tai riipuke
- kiinnityspaikka; metalli tai ei-metalli
- käyttöympäristö; sisä- tai ulkokäyttöön
- tukimateriaali; paperi, muovi
- tekstin painettavuus
- käyttötarkoitus; kotikäyttöön tai yrityskäyttöön
- hinta

8. Tagin kiinnitys

Tarran muotoon tehdyissä NFC-tageissa on liimapinta (*NFC adhesive labels, stickers*), joten voit kiinnittää tagin monenlaisille pinnoille. Tarran pysyvyyden voit varmistaa puhdistamalla kiinnityspinnan pölystä ja pyyhkimällä sen alkoholipitoisella puhdistusaineella.

NFC-tagi voidaan myös *upottaa* (piilottaa) vaikkapa avaimenperään, rannekkeeseen, kynään ja moneen muuhun paikkaan. Tagin olemassaolosta pitää muistaa kertoa tagin lukijalle esimerkiksi N-Mark -logolla. Tagin sijoituspaikkaa valittaessa tulee ottaa huomioon, että tagin lukijan pitää päästä riittävän lähelle – kosketusetäisyydelle – lukemaan tagia.

- **Painotuotteet (esimerkiksi juliste, käyntikortti tai postikortti)**
  Kun NFC-tagi kiinnitetään painotuotteeseen, sen sijainti tulee merkata niin, että tagin lukija osaa paikantaa tagin. Merkitse NFC-tagin sijaintikohta sopivalla toimintoa kuvaavalla kuvalla tai NFC Forumin N-logolla. NFC Forumin N-logo on standardisoitu maailmanlaajuisesti.

- **Vitriiniin tai näyteikkunan sisäpuolelle kiinnitetty kyltti, tarra tai taulu**
  Luettaessa NFC-tagia lasin läpi, lasin materiaali, pinnoite tai laminointi saattaa vaikuttaa tagin lukemiseen. On tärkeää kertoa NFC-tagin lukijalle missä kohtaa kylttiä tai mainosta tagi sijaitsee.

- **Asusteisiin kiinnitettävät ja pesun kestävät tagit** voivat olla kiinnitetty neulomalla tai ne voi olla tehty ripustimen muotoon.

- **Ulos sijoitettavat, säänkestävät ja laminoinnilla suojatut tagit**
  NFC-tagia valittaessa on otettava huomioon, sijoitetaanko tagi ulko- tai sisätiloihin. Ulos sijoitettavien tagien pitää olla vedenpitäviä (*waterproof/weatherproof*). Ulos sijoitettavat tagit ovat alttiita myös ilkivallalle, jolloin tagin muistisiru tai antenni voi vahingoittua.

- **Tagi voidaan upottaa tai piilottaa tuotteen sisälle (puu, muovi, tekstiili, elektroniikka**) sillä sen lukeminen ei vaadi näköyhteyttä. Tagin sijoituspaikan tulee olla tasainen ja kuiva eikä tagi saa jäädä puristuksiin.

- Tavanomaiset NFC-tagitarrat eivät toimi, jos ne kiinnitetään **metallipinnalle** tai tagin antennin lähellä on metallia. Tällöin pitää käyttää erityisesti tähän tarkoitukseen valmistettuja NFC-tageja. – Katso ”Erikoistagit, tagin sijoitus metallipinnalle”.

9. Tagin lukuetäisyys

Tagin lukuetäisyys riippuu älypuhelimesta, tagin rakenteesta, antennin halkaisijasta ja tagin sijainnista. NFC-tagi, jonka antennin halkaisija on suuri, on helppolukuisempi kuin pienihalkaisijainen tagi.

Tagi luetaan viemällä NFC-toiminnolla varustettu puhelin korkeintaan parin senttimetrin etäisyydelle tagista tai mieluiten koskettamalla (hipaisemalla, näpäyttämällä) tagia puhelimen selkämyksellä. Tällöin tagiin kirjoitettu toiminto aktivoituu ja tagin mikrosirun sisältämä informaatio välittyy antennin avulla puhelimen NFC-lukijalaitteelle.

10. Erikoistagit

Tagin sijoitus metallipinnalle

Tavanomainen tagi ei toimi, jos se sijoitetaan *metallipinnalle* tai tagin antennin lähellä on metallia. Tällöin pitää käyttää erityistä tähän tarkoitukseen valmistettua tagia (*on-metal NFC tags, anti-metal NFC-tags*). Jotta metalli ei häiritsisi radiosignaaleja, metallipintaan kiinnitettävissä NFC-tageissa on erityinen ferriittikerros, joka suojaa magneettikenttää. Tällaiset tagit ovat tavanomaisia tageja kalliimpia. – Tavallisen tagin ja metallipinnan väliin voidaan laittaa myös muovia tai muuta eristävää materiaalia.

NFC-painikkeet

Dimple.io on pieni tarra, jossa on kaksi tai neljä fyysistä painiketta. Tarra kiinnitetään puhelimen taakse lähelle NFC:n lukukohtaa. Kullekin painikkeelle voidaan määritellä haluttu toiminto, joka käynnistää esimerkiksi suosikkiohjelmasi, muuttaa puhelimesi asetuksia, soittaa tuttavalle tai vaikkapa käynnistää mediasoittimen. Dimple.io vaatii toimiakseen Google Playsta ladattavan sovelluksen. Dimple-tarra ei toimi metallikuorisessa puhelimessa.

Air Button -tarraan voit määritellä vastaavanlaisia ominaisuuksia kuin Dimple-tarraan.

11. Tagien ostaminen

Voit hankkia NFC-tageja *verkkokaupoista* sekä joistakin *elektroniikka- ja päivittäistavarakaupoista*. Myös useiden NFC-tagien luku- ja kirjoitussovellusten kautta voit tilata tageja.

- Kun ostat tageja, niitä kannattaa ostaa ensin vain muutamia ja testata, toimivatko ne omassa puhelimessasi. Vaikka tagit näyttäisivät ulkoisesti tutun näköisiltä, ne eivät välttämättä toimi älypuhelimessa.

- NFC-tagit kannattaa ostaa **EU:n alueella** olevasta verkkokaupasta, sillä yksityishenkilön ei EU:n sisällä tehtävistä ostoksista tarvitse maksaa tullia eikä arvonlisäveroa. Poikkeuksia ovat jotkut EU-alueella sijaitsevat verovapaat alueet. Katso lähemmin Tullin ohje: *Tulli – Netistä tilaajalle.*

- Kun etsit tuotteita verkkokaupoista, kannattaa myös katsoa, mistä tuote lähetetään, sillä tullimaksu ja arvonlisävero määräytyvät lähetysmaan mukaan tuotteen saapuessa Suomeen.

EU:n ulkopuolelta tehtyjen ostosten *arvonlisäverosta* ja *tullista* saat tietoja Tullin verkkosivuilta. Oheisen linkin kautta löydät myös Tullin *Tullilaskurin* sekä tietoja tullauksesta.

Tulli – Netistä tilaajalle
https://bit.ly/tulli-netti

Voit ostaa *NFC-tageja* useista verkkokaupoista niin Suomesta kuin ulkomailta.

Verkkokauppoja
https://bit.ly/nfc-kaupat

12. Tagien suojaus

NFC-tagit ovat *uudelleen ohjelmoitavia.* Ne voidaan myös *kirjoitussuojata, suojata salasanalla tai lukita.* Tagi voidaan suojata kolmella eri menetelmällä:

A. *Vain luku* -suojaus (*Soft protection, Read only*).

B. *Salasana*-suojaus (*Password protection*).

C. Tagin *lukitus* (*Lock tag, Hard protection*).

NFC TagWriter by NXP -kirjoitussovelluksella voit tehdä NFC-tagiin monia suojaukseen liittyviä toimenpiteitä:

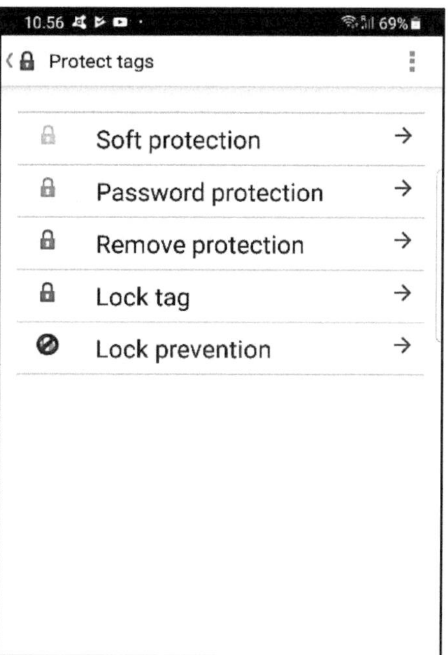

Tagien suojaus

A. Vain luku -suojaus (Soft protection, Read only)

Kun tagille on tehty *Vain luku -suojaus*, voit lukea tagin sisältämän informaation, mutta et muuttaa sitä. Jos yrität uudelleenkirjoittaa tagin, saat ilmoituksen, ettei tagille voi tallentaa informaatiota. Vain luku -suojaus estää tagin päällekirjoituksen.

– Joidenkin tagien, kuten NTAG21X- ja MIFARE Ultralight -tagien, muistin sisällön voit kuitenkin pyyhkiä (*Erase*) tehdasasetuksiin ja kirjoittaa tagiin uutta sisältöä.

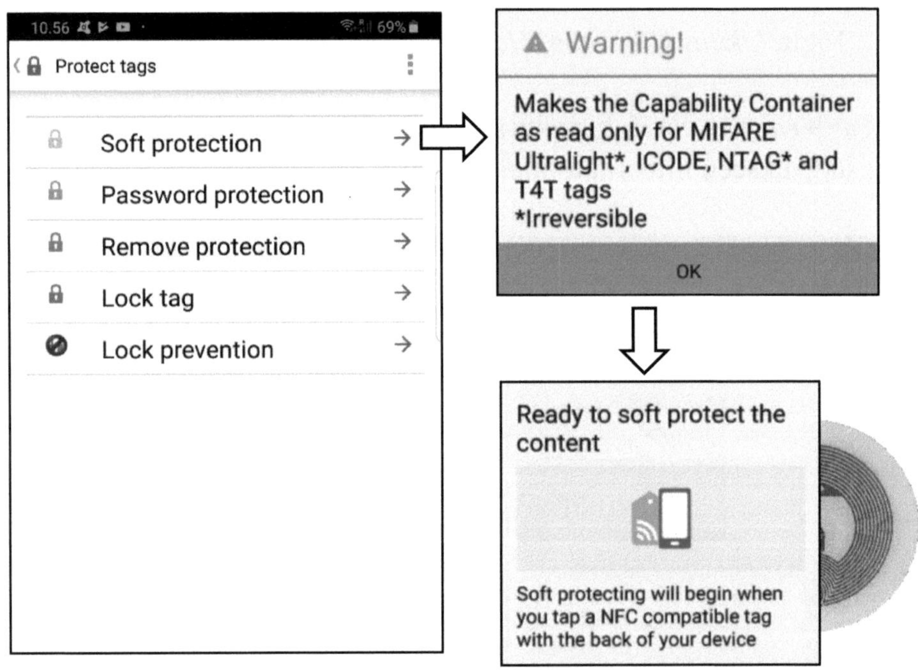

Vain luku -suojaus

B. Salasana-suojaus (Password protection)

Ellet *Salasana-suojaa* tagia, kuka tahansa, jolla on älypuhelin ja NFC-tagien kirjoitusohjelma, voi kirjoittaa tagiin oman informaationsa. Tagi kannattaa siis salasana-suojata, jos se sijoitetaan julkiselle paikalle. Näin kukaan ei pääse muuttamaan tagin informaatiota. Voit vaihtaa tagin salasanan tai poistaa salasanasuojauksen kokonaan.

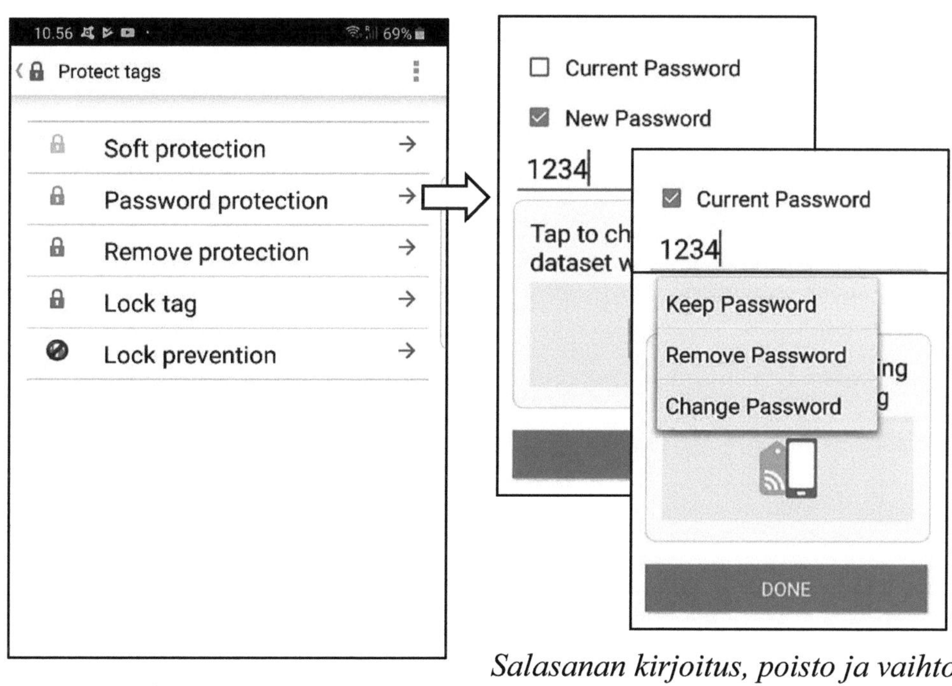

Salasanasuojaus

Salasanan kirjoitus, poisto ja vaihto

NFC-tagin suojauksen jälkeen et voi ilman salasanaa kirjoittaa tagia uudelleen, tyhjentää etkä formatoida sitä. (Et voi tehdä salasanasuojausta NTAG203-tyyppiselle tagille.)

Tagin suojauksen poisto (Remove protection)

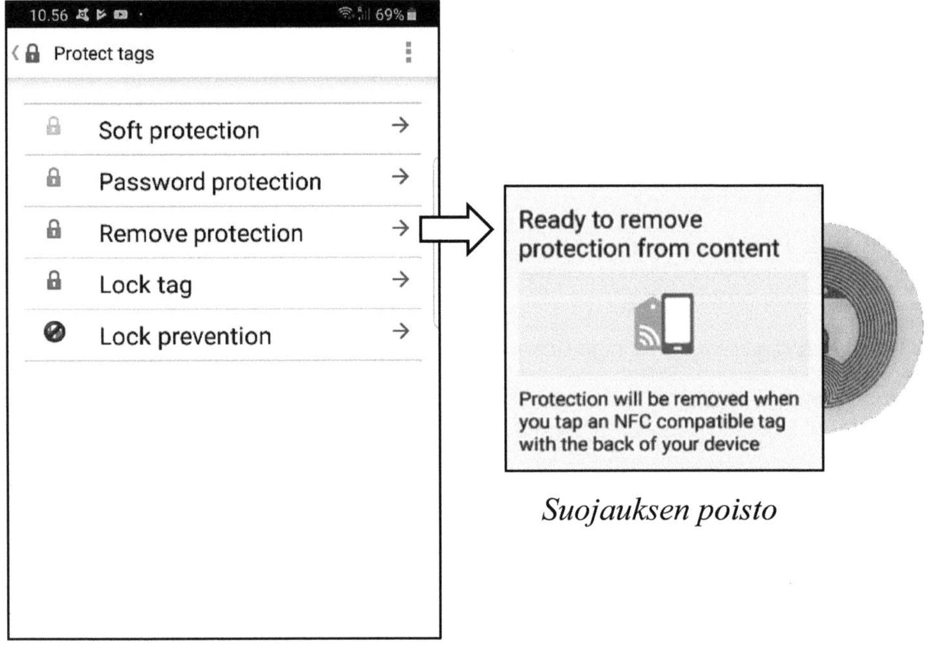

Suojauksen poisto

C. Tagin lukitus (Lock tag, Hard protection)

Voit lukita tagin pysyvästi *Vain luku -tilaan*. Lukituksen jälkeen tagiin ei kuitenkaan voi enää kirjoittaa uutta informaatiota. Lukitus on pysyvä; et voi enää kirjoittaa uudelleen tai formatoida tagia.

– Huom! Älä käytä Tagin lukitus -toimintoa ellet ole aivan varma mitä olet tekemässä. Kun tagi on Vain luku -tilassa, et voi enää koskaan muuttaa tagin sisältöä. Jotta et vahingossa suojaa tai lukitse tagiasi käyttökelvottomaksi, käytä vain Salasana-suojausta. Kirjoita salasana muistiin!

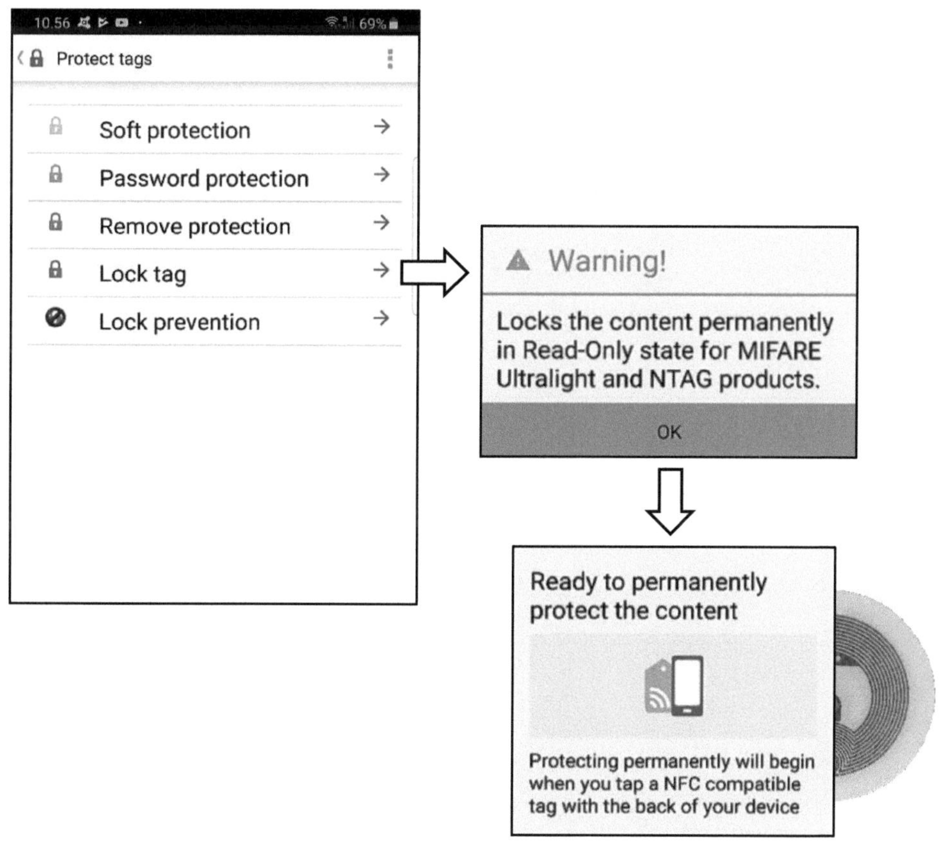

Tagin lukitus

Tagin lukituksen esto (Lock prevention)

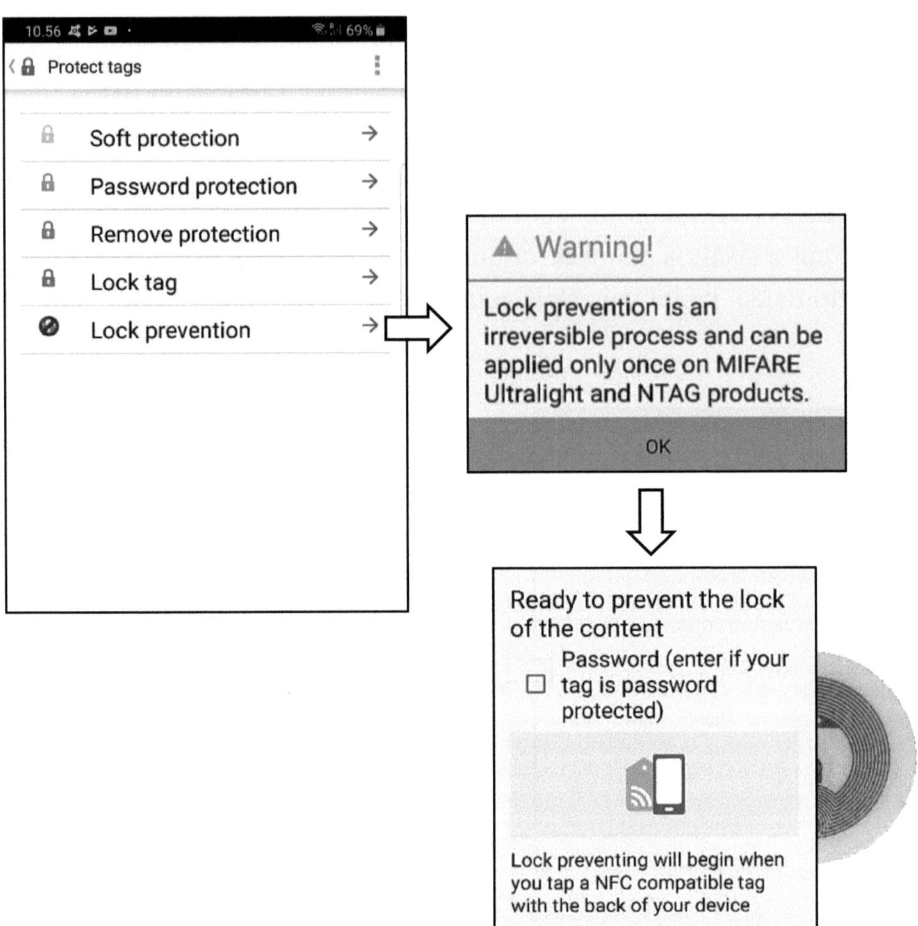

Tagin lukituksen esto

3. NFC-tagien lukeminen ja kirjoittaminen

Jotta voisit hyödyntää NFC-tekniikkaa, sinulla tulee olla käytettävissä

1. NFC-toiminnolla varustettu lukijalaite (älypuhelin, tablettitietokone, tietokone tai muu lukijalaite)

2. NFC-tagi tai kortti, esine tai laite, johon NFC-tagi on upotettu

3. **NFC-tagien luku- ja kirjoitussovellus.**

NFC-tagien lukeminen ja kirjoittaminen

Jotta voisit *lukea* tagin sisältämän informaation tai *kirjoittaa* uusia tageja,

- tarvitset *NFC*-ominaisuudella varustetun *puhelimen*
- puhelimen *virran* pitää olla *päällä*
- puhelimen *näytön* pitää olla *päällä* (aktiivinen). Jotta tagin lukeminen ei tapahtuisi vahingossa, voit lukea tagin vain silloin, kun puhelimen näytön lukitus on poistettu. Poista lukitus esimerkiksi pyyhkäisemällä sormella näyttöä ylös, sivulle tai antamalla näytön lukituksen avainkoodin. Voit poistaa lukituksen myös sormenjälkilukijalla tai kasvojentunnistuksella.
- puhelimen *NFC-ominaisuuden* tulee olla *päällä*
- tarvitset yleensä myös *Internet-yhteyden*, sillä useimmiten NFC-tagiin on kirjoitettu toiminto, joka johdattaa lukijansa Internetin www-sivuille.
- NFC-tagien kirjoitusta ja usein myös lukua varten tarvitset myös NFC-tagien *luku- ja kirjoitussovelluksen*, esimerkiksi
    - *NFC TagWriter by NXP*
    - *NFC Tools.*

Jos puhelimessasi ei ole jonkin erityisen NFC-tagin lukemiseen tarvittavaa sovellusta, saat siitä ilmoituksen ja puhelimesi *Google Play Kauppa* avautuu. Sieltä voit ladata tagin lukemiseen vaadittavan sovelluksen.

Puhelimen
NFC-ominaisuus päälle

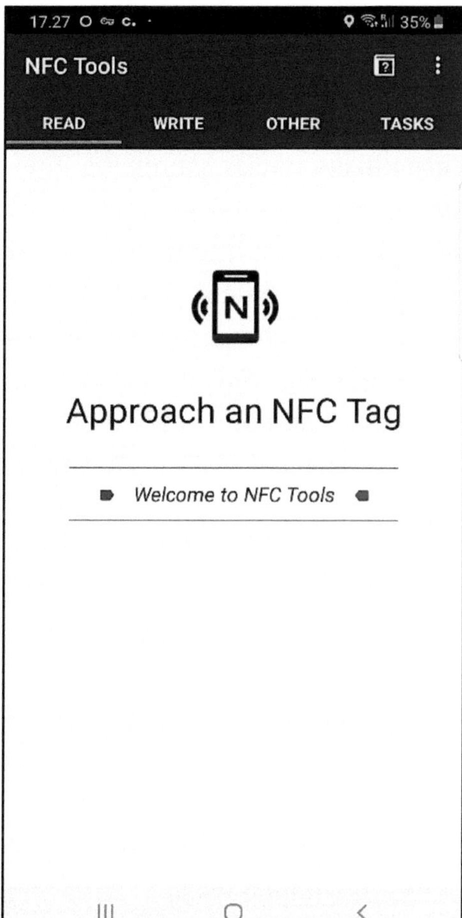

NFC Tools:
Tagien luku- ja kirjoitussovellus

NFC-tagien lukeminen

NFC-tagien lukemiseksi et tarvitse hiirtä tai näppäimistöä eikä sinun tarvitse klikata mitään painiketta. Lue tagi hipaisemalla tai koskettamalla puhelimen selkämyksen NFC-lukukohdalla tagia. Tällöin puhelin lukee tagiin kirjoitetun informaation ja näyttää sen informaatiota vastaavassa sovelluksessa, kuten www-selaimessa, kartalla, sähköpostissa tai suorittaa tagiin kirjoitetun toiminnon, esimerkiksi kytkee Wi-Fi -toiminnon päälle tai pois. Onnistuneen NFC-tagin luvun merkkinä kuulet yleensä äänimerkin tai tunnet puhelimen värinän. Lukutapahtuman yhteydessä sovellus saattaa kysyä, millä sovelluksella toiminto avataan.

Useimmiten tagiin on kirjoitettu toiminto, joka johdattaa lukijansa Internetin www-sivuille. Voit lukea näin vaikkapa verkkolehden, ravintolan ruokalistan, laitteen käyttöohjeen, julkisen liikenteen aikataulutiedot tai hankkia tietoa infopisteistä.

Kaikki tällä hetkellä markkinoilla olevat NFC-puhelimet *voivat lukea ns. NFC Forum -standardin mukaista informaatiota (kunhan NFC-ominaisuus on aktivoitu)*, vaikka puhelimeen ei olisi asennettu yhtään NFC-sovellusta. Tällaista informaatiota ovat esimerkiksi:

- tavallinen teksti
- www-linkit
- sosiaalisen median linkit
- linkki videoon
- puhelimen sovellusten käynnistäminen
- sähköposti
- puhelinnumero
- tekstiviesti
- sijainti kartalla
- osoitetiedot
- katunäkymä
- Bluetooth
- Wi-Fi

Älypuhelimen NFC:n luku- ja kirjoituskohta

Älypuhelimen *NFC-luku- ja kirjoituskohta* (NFC-antennin sijaintipaikka) riippuu puhelimen merkistä ja mallista. Se sijaitsee yleensä laitteen takapuolella esimerkiksi puhelimen akussa tai kameran ylä- tai alapuolella. Löydät oikean lukukohdan puhelimesi käyttöohjeesta tai kokeilemalla.

– Huom! Muistathan laittaa puhelimesi NFC-toiminnon päälle, ennen kuin etsit oikeaa lukukohtaa!

NFC-sovellusten asentaminen puhelimeen

Älypuhelimen käyttäjiä varten on tehty lukuisia *Google Play Kaupasta* ladattavia *NFC-tagien luku- ja kirjoitussovelluksia*. Niiden avulla voit *kirjoittaa* ilman erityisiä ohjelmointitaitoja NFC-tageihin puhelimen toimintaan liittyviä ja muita arkiaskareita helpottavia toimintoja. Jotta voisit kirjoittaa (ohjelmoida) tageja myös itse, sinun pitää asentaa omaan puhelimeesi jokin *NFC-tagien kirjoitussovellus*. Sovellukset asennetaan Android-puhelimen *Google Play Kaupasta omalta puhelimeltasi* tai *tietokoneelta*. Voit asentaa sovelluksia puhelimeesi myös muualta kuin Google Play Kaupasta.

Google Play Kauppa -sovellus on esiasennettu Google Playta tukeville Android-laitteille. Voit asentaa puhelimeesi sovelluksia, kun olet kirjautunut Google-tiliisi, esimerkiksi Gmail-sähköpostiin.

Voit asentaa NFC-sovelluksia puhelimeesi

A. *älypuhelimelta*, klikkaamalla puhelimen Googlen Play Kauppa -kuvaketta tai

B. *tietokoneelta*, Internetin Google Play Kaupasta tai

C. muualta Internetistä.

A. Sovellusten asentaminen Android-älypuhelimelta

Android-sovellukset asennetaan Google Play Kaupasta useimmiten suoraan omasta puhelimesta/tabletista. *Mobiililaitteen Google Play -kuvake* löytyy yleensä puhelimen kotisivulta tai puhelimen Google-kansiosta, jossa on muitakin puhelimeen esiasennettuja Googlen sovelluksia.

Google Play Kauppaan pääset näpäyttämällä *puhelimen näytöltä* kolmion muotoista sini-puna-viher-keltaista *Play Kauppa -kuvaketta.*

- Google Play Kauppaan pääset myös puhelimen Internet-selaimella (*https://play.google.com)*.

Google Play Kaupassa on paljon erilaisia *NFC-tagien kirjoitussovelluksia.* Ne ovat lähes poikkeuksetta englanninkielisiä. Tagien kirjoitussovellusta valittaessa kannattaa kiinnittää huomiota seuraaviin seikkoihin:

- *Arvostelut*: Käyttäjät antavat sovelluksille niiden hyvyyden mukaan tähtiä – kokemansa mukaan. Mitä enemmän tähtiä, sitä hyödyllisemmäksi tai paremmaksi käyttäjät ovat kokeneet sovelluksen.

- *Päivitetty*: Tuore päivitysmerkintä on merkki siitä, että sovelluksen tekijä huolehtii ohjelmastaan. Tietysti, jos ohjelma tulee kerralla valmiiksi, niin mitäpä tuota päivittämään!

- *Nykyinen versio*: Ykköstä suurempi versionumero on todennäköinen merkki sovelluksen kehittymisestä.

- *Asennukset*: Suuri asennusten määrä antaa vihiä siitä, että sovellus on asentamisen arvoinen. Uudella sovelluksella ei tietenkään voi vielä olla paljon asennuksia!

Muita Android-sovelluksia voit ladata puhelimeesi vastaavalla tavalla. *Sovellusten* lisäksi valittavanasi on

- Elokuvat
- Musiikki
- Kirjat
- Laitteet.

Kun asennat puhelimeesi *maksuttomia* tai *maksullisia* sovelluksia, latauksesi kirjautuu omaan Google-tiliisi. Näin Google tietää, että olet ladannut tai ostanut sovelluksen tai muun tuotteen. Sinun ei tarvitse ostaa sitä toista kertaa, vaikka haluaisit käyttää sitä useammassa laitteessa tai olet ostanut uuden puhelimen. Edellytyksenä kuitenkin on, että olet kirjautunut samaan Google-tiliin, jolla teit ostoksesi. Ole siis tarkkana, jos sinulla on useampia Google-tilejä, sillä et voi siirtää ostoksia tililtä toiselle, – etkä kaverille.

– *Google Play Koko perheen kirjaston* kautta voit jakaa Google Playsta ostettuja sovelluksia, pelejä, elokuvia, TV-ohjelmia, e-kirjoja ja äänikirjoja jopa viiden perheenjäsenen kanssa.

– Huom! Kaikki sovellukset eivät välttämättä toimi kaikissa Android-laitteissa. Jos näin on, saat siitä ilmoituksen.

NFC Tag Writer by NXP -sovelluksen asennus Google Play Kaupasta

Sovellusten asentaminen Android-älypuhelimelta

1. Avaa *Play Kauppa* näpäyttämällä Google Play Kaupan ikonia.

2. Etsi haluamasi sovellus kirjoittamalla *Haku*-kenttään hakusanaksi sovelluksen nimi, esimerkiksi *NFC TagWriter by* NXP ja valitse ko. sovellus. Voit kirjoittaa hakukenttään pelkästään esimerkiksi ”*nfc*”, jolloin löydät useita NFC-sovelluksia.
– Jos olet asentanut sovelluksen johonkin muuhun Android-laitteeseen jo aiemmin, Google Play ilmoittaa ”*Asennettu*”. Valitse siitä huolimatta *Asennettu-painike* ja valitse sitten *oman puhelimesi nimi* (Se on aktiivisena, jos ohjelmaa ei ole asennettu aiemmin puhelimeesi. Tässä vaiheessa Google Play saattaa kysyä uudelleen Google-salasanaasi.)

3. Näpäytä ”*Asenna*” (maksuton sovellus) tai ”*Osta*” (jos kyseessä on maksullinen sovellus. Painikkeessa näkyy tuotteen hinta. Valitse sitten alasvetovalikosta maksullisen tuotteen maksutapa, seuraa näytölle tulevaa informaatiota ja toimi sen mukaisesti.)

4. Valitse *OK*, jolloin NFC-sovellus latautuu ja asentuu puhelimeesi muiden sovellusten lomaan.

B. Sovellusten asentaminen puhelimeen tietokoneelta

Jos sovellusten etsiminen ja asennus pieneltä älypuhelimen näytöltä tuntuu hankalalta, voit etsiä ja asentaa sovelluksia puhelimeesi myös tietokoneelta. Jos olet kirjautunut Chrome-selaimella samaan Google-tiliin kuin Android-puhelimessasi, voit asentaa haluamasi sovelluksen tietokoneelta.

Sovellusten asentaminen puhelimeen tietokoneelta

1. Mene *tietokoneen www-selaimella* osoitteeseen *https://play.google.com*
2. Valitse *Sovellukset.*
3. Valitse *Etsi* ja selaa sovelluksia. Kun olet löytänyt haluamasi sovelluksen, valitse ”*Asenna*” tai ”*Osta*”, kuten tekisit puhelimellakin.
4. Valitse puhelin tai tabletti, jolle haluat asentaa sovelluksen.
5. Valitse uudelleen ”*Asenna*”. Sovellus asentuu puhelimeesi automaattisesti hetken kuluttua.

C. Sovellusten asentaminen muualta kuin Google Play Kaupasta

Voit ladata sovelluksia myös *Google Play:n ulkopuolisista lähteistä*. Tällöin sinun pitää antaa puhelimellesi erityinen *lupa sovellusten lataamiseen*. Puhelimesi käyttöjärjestelmästä riippuen luvan antamistapa vaihtelee. (Hae ohjetta esimerkiksi avainsanalla: Asenna)
– Huom! Sovellusten asentaminen muualta kuin Google Play Kaupasta saattaa olla tietoturvariski sillä puhelimesi ja henkilötiedot ovat alttiimpia tuntemattomista lähteistä tulevien sovellusten kautta tapahtuville hyökkäyksille.

Informaation kirjoitus NFC-tagiin

Voit *kirjoittaa* (koodata, ohjelmoida) tageja NFC-puhelimella. Tagien kirjoitus on helppoa, nopeaa ja ilmaista. Tagien kirjoitus ei vaadi erityistä ohjelmointitaitoa. Kirjoitat vain haluamasi informaation NFC-tagien kirjoitussovellukseen ja asetat puhelimesi tagin päälle. Informaation kirjoittamiseksi sinun pitää kuitenkin *asentaa puhelimeesi NFC-tagien kirjoitussovellus*. Voit ladata sovelluksen *Google Play Kaupasta*. NFC-sovelluksen avulla määrittelet, mitä tagia luettaessa haluat tapahtuvan.

NFC-tagien kirjoitussovellukset ovat yleensä maksuttomia. Joihinkin sovelluksiin saat (hämmästyttävän) pienellä maksulla lisäominaisuuksia. Löydät ilmaisia ja maksullisia sovelluksia tagien kirjoittamiseen puhelimesi Google Play Kaupasta.

NFC-sovelluksella kirjoitettu informaatio tallentuu tagiin erityisessä NDEF-tiedostomuodossa (NFC Data Exchange Format), jolloin se voidaan lukea useimmilla NFC-puhelimilla tai muilla laitteilla. Varsinaisen informaation lisäksi tagiin tallentuu myös kulloistakin toimintokohtaista (www-osoite, teksti, …) informaatiota.

Jotta voit *kirjoittaa* NFC-tageja,

- tarvitset *NFC*-ominaisuudella varustetun *puhelimen* (tabletin tai muun laitteen)

- puhelimen *NFC*-ominaisuuden pitää olla *päällä*

- tarvitset *NFC-tagin kirjoitusohjelman*, jonka voit ladata puhelimeesi Google Play -verkkokaupasta.

- tarvitset myös *NFC-tageja.* – Tyhjiä tageja voit ostaa mm. verkkokaupoista.

NFC-tagien kirjoitussovelluksella voit kirjoittaa tagiin informaation, joka sisältää haluamasi toiminnon. Joillakin sovelluksilla voi kirjoittaa vain yksinkertaisia perustoimintoja, kuten siirtymisen tagiin kirjoitetulle www-sivulle. Monipuolisilla sovelluksilla voit kirjoittaa hyvinkin vaativia toimintoja ja yhdistää useampia toimintoja samaan tagiin. Mitä enemmän kirjoitat NFC-tagiin informaatiota, sitä enemmän tagilta vaaditaan muistikapasiteettia.

Voit kirjoittaa tagiin melkeinpä minkälaista informaatiota tahansa. NFC-tagiin kirjoitettava informaatio voidaan jakaa kolmeen eri luokkaan:

A. Standardi-tagien kirjoitus
B. Android-puhelimeen kohdistuvat toiminnot
C. Käyttötilanteen mukaisten profiilien kirjoitus.

A. Standardi-tagien kirjoitus

Kaikki tällä hetkellä markkinoilla olevat NFC-puhelimet voivat *lukea NFC Forum -standardin mukaista informaatiota*, vaikka puhelimeen ei olisi asennettu mitään NFC-sovellusta.

Voit lukea esimerkiksi

- www-osoitteita
- tavallista tekstiä
- puhelinnumeroita
- tekstiviestejä
- yhteystietoja
- sähköpostiviestejä
- sijaintitietoja
- sekä kytkeä esimerkiksi Bluetooth:in tai Wi-Fi:n päälle/pois päältä.

Jos haluat olla varma, että mahdollisimman moni voi lukea tagisi, sinun tulee pitäytyä näissä NFC Forum -standardin mukaisissa perustoiminnoissa (esimerkiksi *NFC Tools -sovelluksen WRITE-toiminnot*).

Jos luet NFC-tagin, joka vaatii auetakseen jonkin erityisen sovelluksen, jota ei ole asennettu puhelimeesi, puhelimen selain siirtyy Google Play Kauppaan ja ehdottaa ladattavaksi tarvittavan ohjelman.

B. Android-puhelimeen kohdistuvat toiminnot

Voit automatisoida NFC-tagien avulla hyvin monenlaisia *omaan NFC-puhelimeesi kohdistuvia toimintoja ja niiden yhdistelmiä*, kuten

- soittoäänen valinta ja äänen voimakkuuden asetus
- näytön kirkkauden säätö
- herätyksen käynnistys
- Wi-Fi:n tai Bluetoothin kytkeminen päälle/pois
- taskulamppu-toiminto päälle/pois.

C. Käyttötilanteen mukaisten profiilien kirjoitus

Voit kirjoittaa samaan NFC-tagiin useita toimintoja ja nimetä tagin jonkin tilanteen tai sijoituspaikan mukaisesti, kuten: Kotona, Työpaikalla, Autossa, Harrastuksissa, Matkalla tai vaikkapa Yöpöydällä. Tällaisia toimintoja voivat olla esimerkiksi

- Wi-Fi:n kytkeminen päälle/pois päältä
- Bluetoothin kytkeminen päälle/pois päältä
- puhelimen soittoäänen kytkeminen värinähälytykselle/normaaliksi.

Tagin kytkintoiminto

Jos teet NFC-tagin, joka kytkee jonkin toiminnon päälle, sinun pitää tehdä toinen tagi, jolla saat toiminnon pois päältä. Muussa tapauksessa pois kytkeminen pitää tehdä käsin. Näin ei kuitenkaan tarvitse tehdä, vaan voit kirjoittaa kahden tagin sijaan yhteen ja samaan tagiin *kytkintoiminnon* (*Toggle, Switch*): saman NFC-tagin näpäytys laittaa toiminnan tai laitteen joka toisella lukukerralla päälle ja joka toisella kerralla pois päältä. Monilla NFC-sovelluksilla voit tehdä tagin toimintoihin tällaisen kytkintoiminnon.

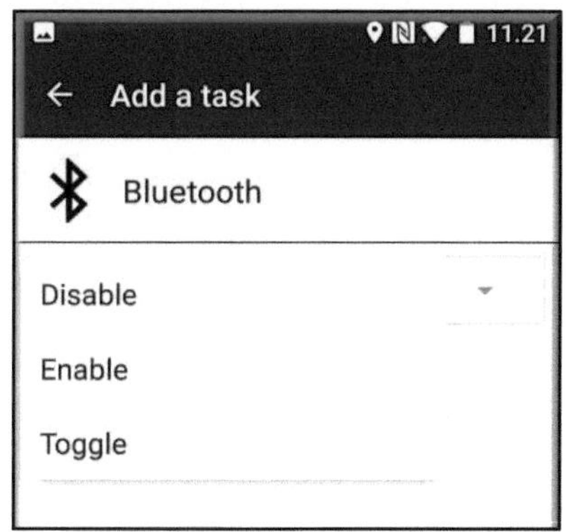

NFC Tools -sovellus: *Bluetooth*

- *pois päältä (Disable)*
- *päälle (Enable)*
- *vuorotellen päälle ja pois päältä (Toggle).*

NFC-tagien kirjoituksen vaiheet

1. Käynnistä *NFC-tagin kirjoitussovellus*.

2. Luo (kirjoita) NFC-sovelluksella haluamasi toiminto, esimerkiksi www-osoite.

3. Kirjoita toiminto NFC-tagiin viemällä puhelimen NFC-luku- ja kirjoituskohta tagin päälle ja valitsemalla esimerkiksi *Write* tai *OK*. Sovellus kirjoittaa tagiin haluamasi toiminnon.

   – Huom! Kun kirjoitat tagiin informaatiota, pidä puhelinta tagin päällä niin kauan kunnes kirjoitusohjelma ilmoittaa NFC-tagin olevan valmis.

4. Poistu tagin kirjoitussovelluksesta ja testaa kirjoittamaasi tagia koskettamalla puhelimen NFC-luku- ja kirjoituskohdalla tagia.

Kun olet kirjoittanut NFC-tagiin haluamasi informaation, sijoita tagi sen sisältämän informaation mukaisesti esimerkiksi autoon, työpöydälle, oveen tai vaikkapa yöpöydälle.

NFC-tagien luku- ja kirjoitussovelluksia

Oheisena esitellään kaksi suosittua **NFC-tagien luku- ja kirjoitussovellusta**. Lataa älypuhelimeesi Google Play Kaupasta sovellus ja kokeile, miten voit hyötyä NFC-tekniikasta ja saada päivittäiset askareesi sujumaan helpommin.

1. **NFC TagWriter by NXP**
2. **NFC Tools (ja NFC Tasks)**

1. NFC TagWriter by NXP

https://bit.ly/nxp-tagwriter

NFC TagWriter -sovelluksessa on selkeä käyttöliittymä, joka jakaantuu viiteen osioon.

A. Read tags (NFC tagin teknisen informaation lukeminen)
B. Write tags (Kirjoita tageja)
C. Erase tags (Poista tagin sisältö)
D. Protect tags (Tagien suojaus)
E. My datasets (Omien tagien luettelo)

NFC TagWriter-sovelluksen asetussivulla (TagWriter-sovelluksen hammasratas) voit määritellä miten sovellus käyttäytyy missäkin tilanteessa.

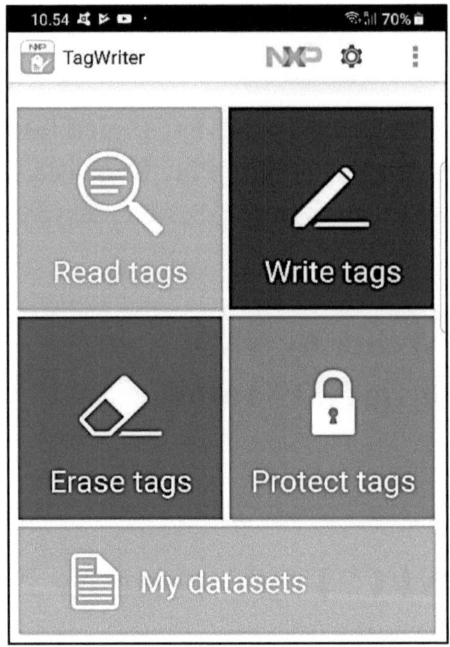

NXP TagWriter -sovellus

A. Read tags (NFC-tagin tekninen informaatio)

Read tags -osio näyttää itse *NFC-tagin teknistä informaatiota*. Se ei varsinaisesti liity tagin lukemiseen. Valitsemalla sovelluksen kohdan *Read tags* (Tagin lukeminen) ja näpäyttämällä puhelimella tagia

- näet tagin tyypin ja koon sekä tagin sisältämän informaation
- NXP TagWriterilla voit editoida kirjoittamasi tagin informaatiota.

B. Write tags (Kirjoita NFC-tageja)

Voit kirjoittaa uusia NFC-tageja valitsemalla *Write tags* -osion ja edelleen *New dataset*. Voit kirjoittaa tagin, jossa on

- tavallisesti käyntikorttiin kirjoitettavat tiedot
- linkki www-sivulle
- Wi-Fi -yhteystiedot
- Bluetooth-tiedot
- sähköpostiviesti
- puhelinnumero, jolla voit aloittaa puhelun
- maantieteellinen sijainti
- puhelimeen asennetun sovelluksen käynnistys
- tavallista tekstiä
- tekstiviesti (SMS).

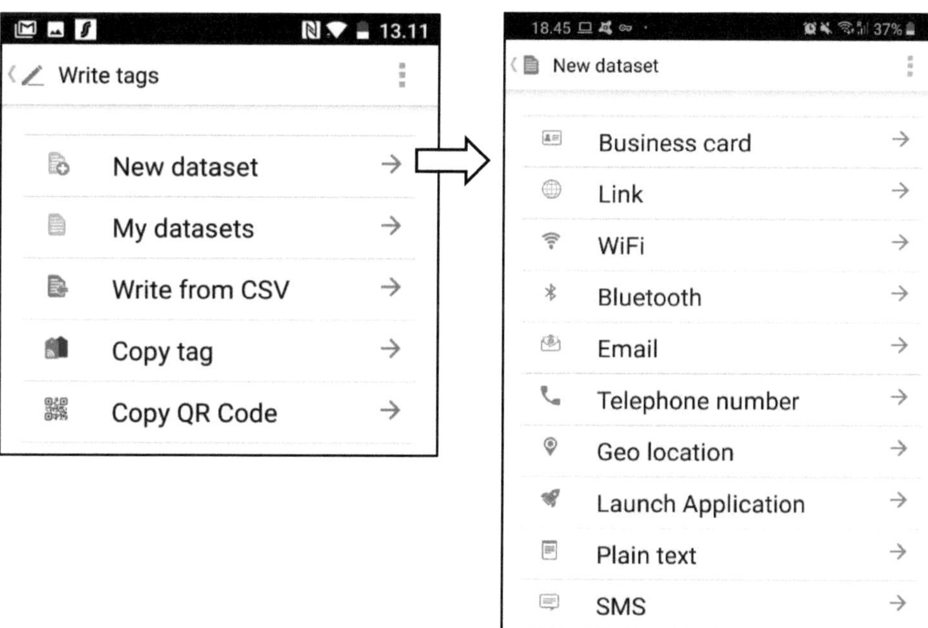

Write tags -osiossa voit myös

- nähdä aiemmin kirjoittamiesi tagien luettelon
- kirjoittaa tageja taulukkomuotoisesta tekstistä (CSV)
- kopioida tagin
- kopioida QR-koodin informaation ja tehdä siitä NFC-tagin

Tagin kirjoitus NFC TagWriterilla

1. Käynnistä *NFC TagWriter* -sovellus.

2. Valitse *Write tags* > *New dataset* > tagiin kirjoitettava *toiminto*, esimerkiksi *Link (www-osoite).*

3. Täydennä tagiin kirjoitettavat tiedot.

4. Valitse *Save & Write.*

5. Valitse haluamasi lisätoiminto kirjoitettavan tagin sisällön mukaisesti, esimerkiksi Tagin monistus, Suojaus, Varmista päällekirjoitus, Laskuri, Lisää käynnistyssovellus. – Nämä valinnat kannattaa jättää aluksi tyhjäksi.

6. Valitse *Write.*

7. Laita puhelimen NFC-lukukohta tagin päälle ja odota kunnes saat ilmoituksen, että tagin kirjoitus on onnistunut (*Write successful!*). Jos olet pyytänyt päällekirjoituksen varmistuksen, sinun pitää varmistaa aikeesi (*Tap to confirm store*).

8. Valitse *Done.*

C. Erase tags (Poista NFC-tagin sisältö)

NFC TagWriterin Erase tags -toiminnolla voit

- poistaa tagin sisällön ja palauttaa tagin tehdas-asetuksiin
- poistaa tagin sisällön ja formatoida tagin.

D. Protect tags (NFC-tagien suojaus)

Valitsemalla Protect tags voit *kirjoitussuojata* ja *lukita* tagin asiattomalta muutokselta. NFC TagWriter by NXP -sovelluksessa on valittavanasi seuraavat suojaus-toiminnot:

1. Vain luku -suojaus (*Soft protection, Read only*). Toiminto on peruuttamaton.
2. Salasana-suojaus (*Password protection*)
3. Suojauksen poisto (*Remove protection*)
4. Tagin lukitus (*Lock tag*)
5. Lukituksen esto (*Lock prevention*)

– Huom! Jotta et vahingossa suojaa tai lukitse tagiasi käyttökelvottomaksi, käytä vain Salasana-suojausta. Kirjoita salasana muistiin!

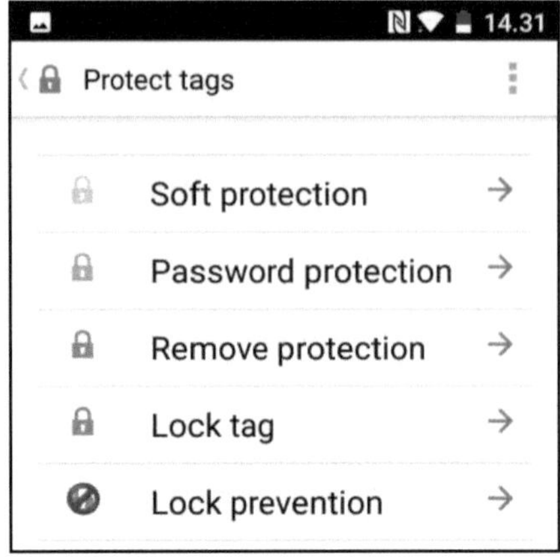

NFC-tagin suojaus NFC TagWriter -sovelluksella

– Huom! *Tagien suojausta* on käsitelty aiemmin sivulla 29. Esimerkkinä on käytetty juuri tätä NFC TagWriter by NXP -sovellusta.

E. My datasets (Omien tagien luettelo)

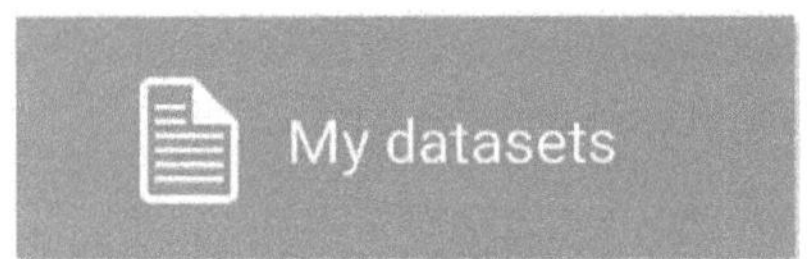

NFC TagWriterin kohdassa *My datasets* näet mm., millaisia tageja olet aiemmin kirjoittanut.

TagWriterin asetuksista (> TagWriterin Hammasratas, *Preferences)* voit määritellä, monenko tagin tiedot TagWriter tallentaa. Voit määritellä myös, miten sovellus käyttäytyy missäkin tilanteessa.

Voit jakaa tagiluettelon sähköpostilla tai tallentaa sen tiedostona puhelimeesi.

2. NFC Tools

https://bit.ly/nfc-tools

NFC Tasks

NFC Tools -sovelluksen lisäosa

https://bit.ly/nfc-tasks

NFC Tools on yksi parhaista NFC-tagien kirjoitussovelluksista. Sen avulla voit kirjoittaa monenlaisia toimintoja omille tageillesi. NFC Toolsin runsaalla sadalla toiminnolla ja niiden yhdistelmillä voit tehdä elosi mukavammaksi.

NFC Tools on saatavissa erilaisille alustoille; mobiililaitteille (Android, iOS) ja tietokoneille (Windows, Mac, Linux): *https://bit.ly/nfc-tools-versiot*

NFC Tools -sovelluksella voit *kirjoittaa* tagiisi

- (*NFC Tools > WRITE:*) kaikkien NFC-puhelimien kanssa yhteensopivaa standardi-informaatiota, kuten yhteystietoja, www-osoitteita, puhelinnumeroita tai maantieteellisen sijainnin.

- (*NFC Tools > TASKS*:) Android-puhelimeen kohdistuvia tehtäviä, kuten kytkeä puhelimesi Bluetoothin päälle, asettaa herätysajan, säätää puhelimen äänenvoimakkuutta, jakaa kaverillesi Wi-Fi -verkkosi asetukset ja paljon, paljon muuta.
  – Niinpä, kun ennen nukkumaanmenoa näpäytät puhelimella NFC-tagia, puhelimesi Wi-Fi kytkeytyy pois päältä, puhelin menee äänettömälle ja puhelimesi herätyskello aktivoituu – ja kaikki aivan itsestään.

– Huom! *NFC Toolsin TASKS*-toimintojen kirjoitus ja lukeminen vaatii NFC-tools sovelluksen lisäksi maksuttoman *NFC Tasks* -sovelluksen.

NFC Tools -sovelluksesta on saatavana Google Play Kaupasta sekä maksuton että maksullinen Pro-versio. Maksullisella versiolla saat sovellukseen joitakin lisäominaisuuksia.

NFC Tools -sovelluksen perustoiminnot on jaettu neljään osioon

A. READ
B. WRITE
C. OTHER
D. TASKS

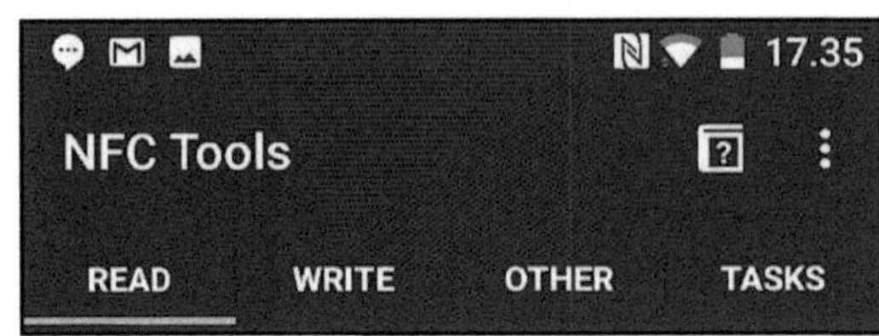

A. READ (Lue)

Sovelluksen READ-osio ei liity varsinaisesti tagien lukemiseen. Kun avaat *READ*-välilehden ja näpäytät puhelimellasi NFC-tagia, sovellus näyttää *NFC-tagin teknistä informaatiota*, kuten

- tagin tyypin
- käytettävissä olevat NFC-tekniikat, esimerkiksi NFC Data Exchange Format (NDEF)
- tagin yksilöllisen sarjanumeron
- tagin muistikapasiteetin
- tagin NFC Forum -tyypin (1, 2, 3, 4 tai 5)
- tagin kirjoitettavissa olevan kokonaismuistin ja käytetyn muistin määrän
- voiko tagille kirjoittaa
- voiko tagin lukita Vain luku -tilaan
- tagin sisältämän informaation.

B. WRITE (Kirjoita)

Kun avaat sovelluksen *WRITE*-välilehden, voit kirjoittaa (*Add a record*) ja tallentaa tagille vakiomuotoista informaatiota kuten yhteystietoja, www-osoitteita, puhelinnumeroita tai maantieteellisen sijainnin.

Voit kirjoittaa samaan tagiin useita toimintoja. Jokainen lisätty toiminto lisää kuitenkin NFC-tagin muistin tarvetta. Kuhunkin toimintoon ja koko tagiin käytettävän muistin määrän näet WRITE-välilehden kohdasta *Write / XXX Bytes* kirjoitettuasi tagiin tulevan informaation.

***WRITE > Add a record* -osion toiminnot:**

- *Text*: kirjoita tagiin tavallista tekstiä
- *URL/URI*: kirjoita tagiin www-linkki
- *Custom URL/URI*: kirjoita tagiin esimerkiksi www-linkki
- *Search*: kirjoita tagiin etsittävä avainsana ja valitse hakukone
- *Social networks*: kirjoita tagiin sosiaalisen verkoston linkki ja käyttäjänimi. (Facebook, Twitter, LinkedIn, Pinterest, Instagram, Dribbble, Flickr, Tumblr, Github, Slack, Skype, Snapchat, Redddit, SoundCloud, Steam, Twitch)
- *Video*: kirjoita tagiin videon linkki ja koodi (YouTube, Vimeo, Dailymotion)
- *File*: kirjoita tagiin linkki tiedostoon
- *Application*: kirjoita tagiin puhelimessa käynnistettävän sovelluksen nimi
- *Mail*: kirjoita tagiin lähetettävän sähköpostin tiedot
- *Contact*: kirjoita tagiin yhteystiedot
- *Phone number*: kirjoita tagiin puhelinnumero (puhelinluettelosta)
- *SMS*: kirjoita tagiin lähetettävän tekstiviestin tiedot
- *Location*: kirjoita tagiin maantieteellinen sijainti (karttaneula)
- *Custom location*: kirjoita tagiin maantieteellinen sijainti (teksti ja karttaneula)
- *Address*: kirjoita tagiin osoitetiedot

...

- *Destination address*: kirjoita tagiin navigointi Google Mapsilla haluttuun osoitteeseen
- *Proximity search*: etsi ympäristöstä kiinnostavia paikkoja (Point Of Interest, POI)
- *Street View*: avaa maantieteellisen sijainnin katunäkymä (Google Street View)
- *Emergency*: information In Case of Emergency (ICE), yhteystiedot hätätilanteessa
- *Bitcoin*: Bitcoin-osoite
- *Bluetooth*: kirjoita Bluetooth-yhteystiedot
- *Wi-Fi -verkko*: kirjoita Wi-Fi -verkon yhteystiedot

NFC Tools

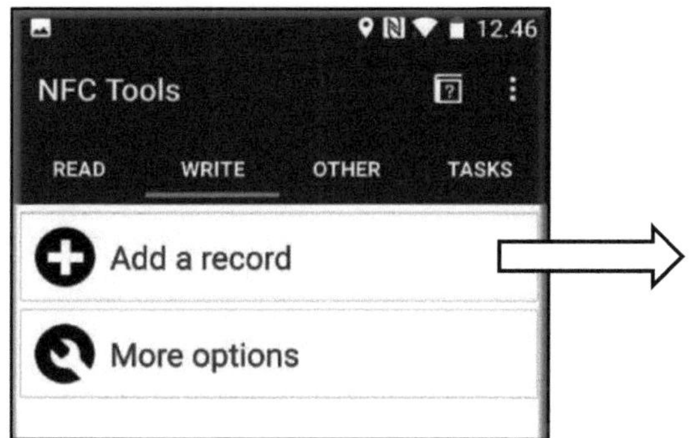
12.46
NFC Tools
READ
WRITE
OTHER
TASKS
Add a record
More options

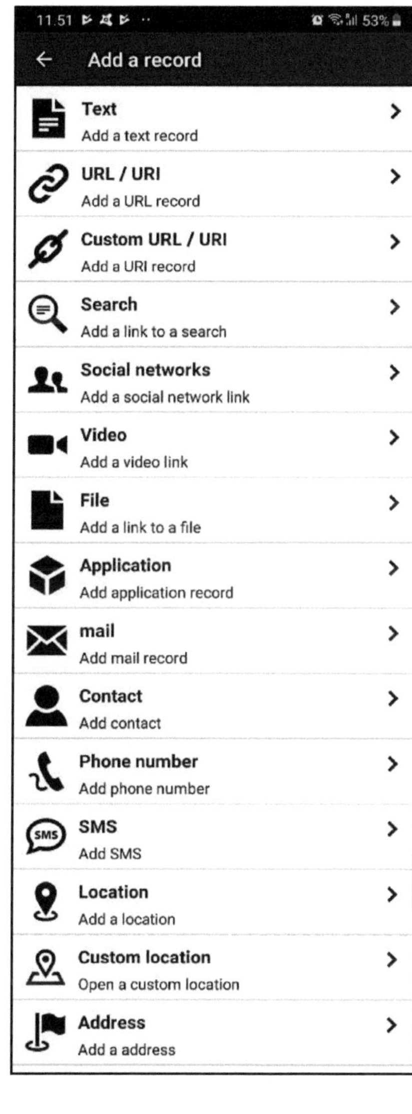
11.51
53%
Add a record
Text
Add a text record
URL / URI
Add a URL record
Custom URL / URI
Add a URI record
Search
Add a link to a search
Social networks
Add a social network link
Video
Add a video link
File
Add a link to a file
Application
Add application record
mail
Add mail record
Contact
Add contact
Phone number
Add phone number
SMS
Add SMS
Location
Add a location
Custom location
Open a custom location
Address
Add a address

Destination address
Start the navigation to a location on Google Maps
Proximity search
Search for points of interest near a location
Street View
Open the street view at coordinates
Emergency
Information in case of emergency
Bitcoin
Add a Bitcoin address
Bluetooth
Add a bluetooth connection
Wi-Fi network
Configure a WIFI network
Data
Add a custom record

NFC-tagin kirjoitus NFC Tools -sovelluksella

1. Käynnistä *NFC Tools* -sovellus.
2. Valitse *WRITE > Add a record*
3. Valitse tagille kirjoitettava toiminto, esimerkiksi *URL / URI.*
4. Täydennä välilehdelle www-linkki ja valitse *OK.*
   – Kohdasta *Write* /XXX Bytes näet informaation vaatiman muistin määrän tagilta, jonka perusteella voit valita sopivan NFC-tagin.

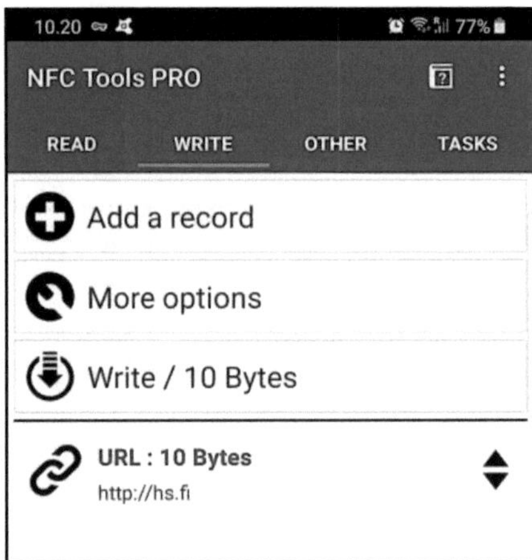

Voit kirjoittaa samaan tagiin useita toimintoja valitsemalla uudelleen toiminnon *Add a record.* Tiedot lisätään edellisen alapuolelle.

Voit muuttaa toimintojen *järjestystä* siirtämällä niitä kaksoisnuolesta. Näpäyttämällä toimintoa voit *editoida, kopioida* tai *poistaa* sen.

…

5. Kun olet kirjoittanut haluamasi informaation, valitse *Write / XXX Bytes*.

6. Laita puhelimen NFC-lukukohta tagin päälle ja odota kunnes saat ilmoituksen, että tagin kirjoitus on valmis (*Write complete!*).

7. Valitse *OK*.

NFC-tagiin on nyt kirjoitettu haluamasi toiminto/toiminnot. Testaa tagia!

C. OTHER (Muita toimintoja)

NFC Tools sovelluksen *OTHER*-välilehdellä voit mm.

- kopioida tagin
- monistaa tagin
- tyhjentää tagin
- lukita tagin
- lukea tagin muistin sisällön
- formatoida tagin
- asettaa tagille salasanan
- poistaa tagin salasanan.

D. TASKS (Tehtävät)

TASKS-välilehdellä voit automatisoida oman puhelimesi toimintoja.

– Huom! Erona *WRITE*-välilehden toimintoihin on, että *Tehtävien* (*TASKS*) suorittaminen edellyttää, että *tagin kirjoittajan/lukijan puhelimeen on ladattu myös ilmainen NFC Tasks -sovellus* (kts. sivu 57). Jos sovellusta ei ole ladattu puhelimeen, tagia luettaessa puhelimessa käynnistyy Google Play Kauppa -sovellus, josta voit ladata tarvittavan NFC Tasks -sovelluksen. Voit kirjoittaa samaan tagiin useampia TASKS-toimintoja.

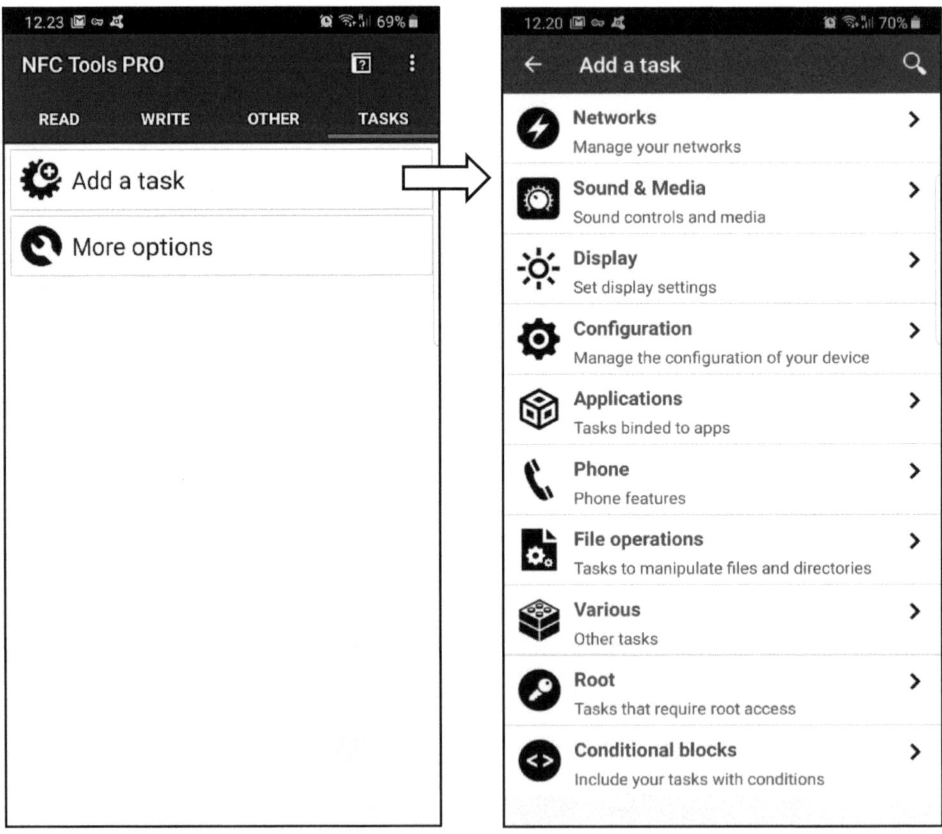

NFC Tools: TASKS > Add a task

Esimerkkejä NFC Tools -sovelluksen lukuisista TASKS-toiminnoista.

- *Langaton verkko*: Wi-Fi päälle/pois, Wi-Fi Hotspot päälle/pois, Bluetooth päälle/pois, Bluetooth yhdistäminen, konfiguroi Wi-Fi.
- *Ääniasetukset*: äänenvoimakkuus, soittoääni, soittimen ohjaus, äänen nauhoitus päälle/pois.
- *Näytön asetukset*: kirkkaus, sammuminen, näytön kääntö, näytönsäästäjä.
- *Mobiililaitteen konfigurointi*: ääniprofiili (mykistys/värinä/normaali), älä häiritse, herätysaika, ajastin, autoprofiili päälle/pois, syöttötapa, Samsung-laitteiden konfigurointi, synkronointi päälle/pois, värisee kosketettaessa päälle/pois, asetukset-näyttö.
- *Sovelluksiin liittyvät tehtävät*: käynnistä sovellus, www-sivun avaus, etsi avainsanalla, sovelluksen käynnistys, sovelluksen poisto, sovelluksen sulkeminen, näytä sovelluksen tiedot, kotinäyttö, OK Google.
- *Puhelintoiminnot*: valitse numero, tee puhelu, tekstiviesti, lopeta puhelu, kaiutinpuhelu päälle/pois
- *Tiedostotoiminnot*: avaa tai luo tiedosto, kopioi tiedosto tai kansio, siirrä tiedosto tai kansio, poista tiedosto tai kansio, kirjoita tiedosto, tiedosto puheeksi, pakkaa tai pura tiedosto.
- *Muita toimintoja*: kirjoita sähköposti tai Twiitti, avaa tietty sijainti kartalla, avaa osoite, navigoi kohteeseen Googlen kartalla, etsi kiinnostava paikka (POI) lähistöllä, avaa Google-katunäkymä, suorita Tasker-tehtävä, avaa kalenteritapahtuma, viivästetty tapahtuma, laajenna tai piilota ilmoituspalkki, muunna teksti puheeksi, taskulamppu päälle/pois, tulosta kuva puhelimesta, monivalinta, värinä tietyn ajan, morsetus, aikaleima, tapahtuma kalenteriin, puhuva kello, kopioi tekstiä leikepöydälle, Popup-ilmoitus, Rootatun puhelimen toimintoja ja ehtolauseita.

NFC Tools/TASKS-sovelluksen ”Muita toimintoja” (*Various*)

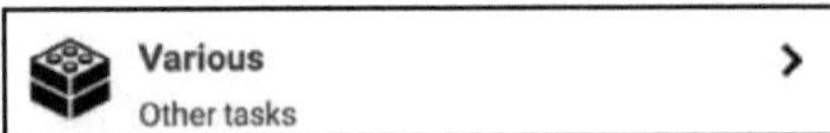

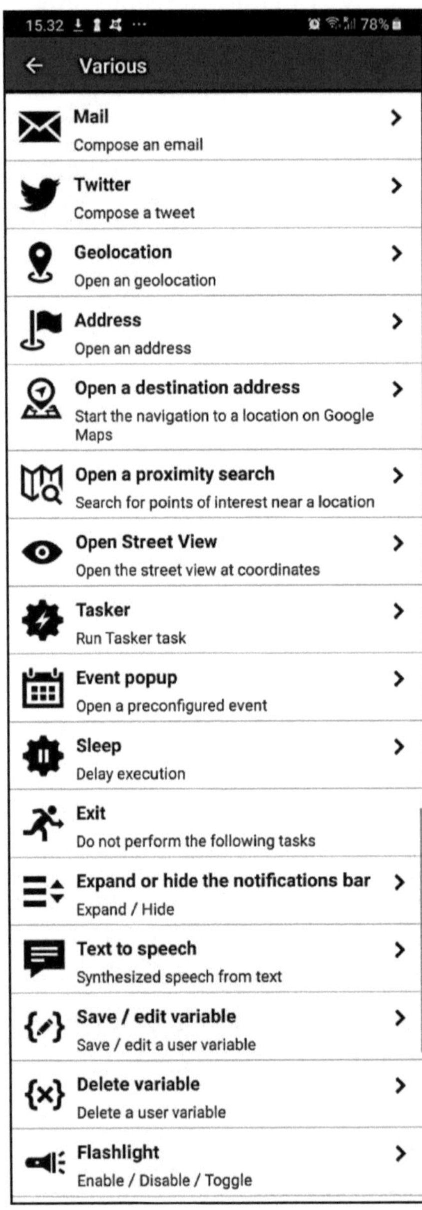

Print an image
Print an image located on your device

Send an Intent
Configure and send an Intent

Input field to variable
Save the input content into a variable

Multiple-choice entry to variable
Save the selected entry to variable

Vibrate
Vibrate during a defined time

Morse Code with vibrator
Vibrate a message in Morse code

Timestamping
Timestamp in the calendar

Write timestamp to a file
Create a CSV file with your timestamps

Insert an event
Insert an event in the calendar

Talking Clock
Tell the time

Copy to clipboard
Copy text to the clipboard

Popup
Popup a message

Notification
Show notification alert

Wear notification
Send a notification on your wear device

Roll dice
Scan for roll dice

Run profile
Run an existing profile

B. Sisällön jakaminen

Voit hyödyntää puhelimesi NFC-ominaisuutta kolmessa eri toimintatilassa.

1. NFC-tagien lukeminen ja kirjoittaminen: Voit lukea ja kirjoittaa tageja hipaisemalla (näpäyttämällä, koskettamalla) niitä NFC-toiminnolla varustetulla älypuhelimella.

2. **Sisällön jakaminen: Koskettamalla älypuhelimella toista puhelinta tai laitetta voit siirtää informaatiota puhelimesta toiseen puhelimeen tai esimerkiksi kaiuttimeen.**

3. Korttiemulointi: Korttiemulointi-tilassa matkapuhelin voi toimia esimerkiksi maksu- tai matkakorttina.

Sisällön jakaminen NFC-yhteydellä Android Beamin avulla

NFC:n ja Android Beamin avulla voit *parittaa eli yhdistää kaksi puhelinta* (tai puhelimen ja lisävarusteen, esimerkiksi kaiuttimen tai kuulokkeet) *langattomasti avaamalla niiden välille yhteyden.* NFC-puhelin voi jakaa sisältöä tällä tavoin, kun

- sekä lähettävässä että vastaanottavassa puhelimessa on NFC- ja Android Beam -ominaisuus aktivoituna (molemmat!).
- molemmat puhelimet ovat avoinna (ei lukittu).
- molempien puhelimien näytöt ovat päällä (auki).

Onko puhelimen NFC- ja Android Beam-ominaisuus päällä?
Voit tarkistaa, onko puhelimesi NFC- ja Android Beam -ominaisuus päällä esimerkiksi seuraavasti:

1. Avaa puhelimesi *Asetukset*-sovellus (*Hammasratas-ikoni*).
2. Valitse *Yhteydet* > *NFC ja maksu*
3. Varmista, että puhelimesi NFC ja Android Beam on otettu käyttöön: molempien valitsin on oikealla (ominaisuus on otettu käyttöön).

- Huom! Jos et löydä NFC- ja Android Beam -valintaa oman puhelimesi Asetuksista, voit hakea niitä Asetukset-välilehden Etsi-toiminnolla.

- *NFC*: Sallii tiedonsiirron, kun puhelin koskettaa toista laitetta. Varmista myös, että Käytössä/Ei käytössä -valitsin on aktiivinen (Oikealla, Käytössä-asennossa).

- *Android Beam:* Kun Android Beam on käytössä, voit jakaa sisältöä toiselle NFC-yhteensopivalle laitteelle asettamalla laitteiden selkämykset (NFC-lukukohdat) lähekkäin. Varmista, että *Käytössä/Ei käytössä* -valitsin on aktiivinen (Oikealla, Käytössä-asennossa).

Puhelimen NFC ja Android Beam ovat yleensä oletusarvoisesti käytössä. Voit poistaa NFC:n tai Android Beamin käytöstä milloin tahansa.

Sisällön lähetys toiseen puhelimeen Android Beamin avulla

Valokuvien, piirrosten, yhteystietojen, nettisivujen, videoiden, äänitiedostojen, sovellusten ym. tiedostojen *lähetys toiseen puhelimeen* tapahtuu seuraavasti:

1. Ota sekä lähettävän että vastaanottavan puhelimen *NFC- ja Android Beam* -ominaisuus käyttöön.

2. *Avaa omassa puhelimessasi sisältö, jonka aiot jakaa* (lähettää, siirtää) toiseen puhelimeen.

3. Aseta molempien puhelimien NFC-lukukohdat vastakkain.

    - Kun puhelimet ovat havainneet toisensa, kuulet äänimerkin ja/tai tunnet puhelimen värinän.

- *Lähettävän puhelimen* näyttö kutistuu pieneksi ja näyttöön tulee esimerkiksi teksti "*Lähetä tiedosto koskettamalla*".

4. *Kosketa lähettävän puhelimen näyttöä*, jolloin lähetys alkaa. Äänimerkki kertoo tiedoston siirron alkaneen.
   – Huom! Tiedoston siirtyminen saattaa kestää jonkin aikaa. Älä erota puhelimia toisistaan ennen kuin tiedonsiirto on päättynyt.

5. Kun tiedoston siirto on valmis, kuulet äänimerkin ja saat siitä ilmoituksen tai lähetetty tiedosto käynnistyy vastaanottajan puhelimessa.
   – Huom! Jos vastaanottavassa puhelimessa ei ole jaettavan sisällön avaamiseen tarvittavaa sovellusta, vastaanottavan puhelimen näytölle avautuu Google Play Kauppa, josta tiedoston vastaanottaja voi ladata tarvittavan sovelluksen.

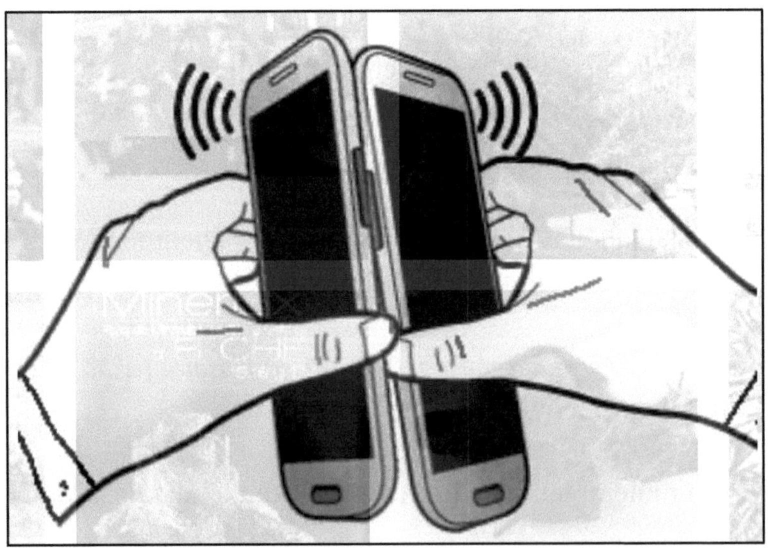

Valokuvien siirto puhelimesta toiseen Android Beamin avulla.

Google Play -sovelluksen lähetys kaverille
Jos haluat jakaa kaverillesi jonkin *sovelluksen*, lähettävä puhelin lähettää vastaanottajalle pelkästään Google Play Kaupan www-osoitteen, josta vastaanottaja voi ladata puhelimeensa kyseessä olevan sovelluksen.

– Voit jakaa tiedostoja myös esimerkiksi Google Play Kaupasta ladattavalla *Easy NFC File Tranfer -sovelluksella.*

Bluetooth-yhteyden muodostaminen

Puhelimen ja jonkun toisen laitteen välille voidaan muodostaa tiedostojen (esimerkiksi musiikin) siirtoa varten *Bluetooth-yhteys*. Tällöin molempien laitteiden Bluetooth-ominaisuuden pitää olla käytössä. Bluetooth-yhteyden etuna on nopeampi tiedonsiirto ja moninkertainen kantama pelkkään NFC yhteyteen verrattuna.

Markkinoilla on useita NFC-lisälaitteita, kuten langattomia NFC-Bluetooth -kuulokkeita ja -kaiuttimia, joihin voit *suoratoistaa* musiikkia puhelimesta langattomasti jopa 10 metrin etäisyydeltä. Et tarvitse puhelimen ja laitteen välille johtoja. Sisällön jakaminen tapahtuu koskettamalla puhelimella NFC-tuettua laitetta, jolloin tiedonsiirto laitteiden välillä tapahtuu hyödyntäen Bluetooth-yhteyttä.

SPC Go Speaker 4400 -kaiuttimessa on sekä NFC- että Bluetooth-ominaisuus

Puhelimen ja oheislaitteen parittaminen

Ennen Bluetooth-oheislaitteen käyttöönottoa se pitää liittää pariksi eli parittaa, puhelimen kanssa. Parittaminen tapahtuu eri tavalla riippuen siitä, onko laitteessa NFC-toiminto vai ei. Paritus laitteiden välillä pitää tehdä vain kerran.

Jos Bluetooth-laitteessa *on NFC-toiminto*
Jos esimerkiksi Bluetooth-kaiuttimessa on NFC-toiminto, paritus tapahtuu laittamalla kaiuttimen ja puhelimen NFC-lukukohdat vastakkain:

1. Avaa puhelimen näytön lukitus ja varmista, että puhelimen NFC- ja Bluetooth-toiminto on käytössä.

2. *Kytke kaiuttimeen virta.* Joissakin kaiuttimissa virta kytkeytyy automaattisesti yhteyttä muodostettaessa.

3. *Napauta kaiuttimen (NFC) ja puhelimen NFC-alueita yhteen.* Laite muodostaa automaattisesti yhteyden kaiuttimeen.

Bluetooth-yhteyden katkaisu tapahtuu napauttamalla puhelimen ja kaiuttimen NFC-alueita uudelleen yhteen.

Jos Bluetooth-laitteessa *ei ole NFC-toimintoa*
Jos esimerkiksi Bluetooth-kaiuttimessa ei ole NFC-toimintoa, voit tehdä puhelimen ja Bluetooth-laitteen paritukseen soveltuvan NFC-tagin ***NFC Tools*** -sovelluksella:

1. *Kytke Bluetooth-laitteeseen virta.*

2. Käynnistä *NFC Tools* -sovellus.

3. Valitse *WRITE > Add a record > Bluetooth (Add a Bluetooth connection) > MAC address:* Pidä Bluetooth-laitetta (esimerkiksi kaiutinta) lähelläsi ja valitse suurennuslasin kuva. Ohjelma etsii uuden paritettavan Bluetooth-laitteen. Valitse laite, johon haluat kytkeytyä.

4. Valitse *OK > Write /XXX Bytes* ja vie puhelimen NFC-lukukohta NFC-tagin päälle. Odota kunnes saat ilmoituksen ”*Write complete!*” ja valitse sitten *OK*. Tagiin on nyt kirjoitettu puhelimen ja Bluetooth-laitteen paritustiedot.

Voit halutessasi kiinnittää NFC-tagin esimerkiksi työpöytään tai kaiuttimen taakse niin, että voit lukea tagin puhelimellasi.
– Huom! Jos Bluetooth-laitteessa on metallipinta, pitää käyttää erityistä metallipinnalle soveltuvaa NFC-tagia.

Testaa puhelimen ja kaiuttimen Bluetooth-yhteyden muodostavaa NFC-tagia:

1. Laita kaiuttimen *virta päälle* ja *vie puhelimesi NFC-lukukohta tekemäsi tagin päälle.* (Tagi voi sijaita jopa 10 metrin päässä kaiuttimesta.) Bluetooth-yhteys muodostuu.

2. *Käynnistä puhelimesi Google-musiikkisoitin tai radio-ohjelma* ja kuuntele musiikkia kaiuttimesta.

3. *Katkaise Bluetooth-yhteys viemällä puhelimen NFC-lukukohta uudelleen tagin päälle.* Tagissa on *kytkin-toiminto* (*toggle*), joka kytkee Bluetoothin päälle joka toisella lukukerralla ja joka toisella lukukerralla Bluetoothin pois päältä.

4. *Katkaise virta kaiuttimesta.*

C. Korttiemulointi-tila

Voit hyödyntää puhelimesi NFC-ominaisuutta kolmessa eri toimintatilassa.

1. NFC-tagien lukeminen ja kirjoittaminen: Voit lukea ja kirjoittaa tageja hipaisemalla (näpäyttämällä, koskettamalla) niitä NFC-toiminnolla varustetulla älypuhelimella.

2. Sisällön jakaminen: Koskettamalla älypuhelimella toista puhelinta tai laitetta voit siirtää informaatiota puhelimesta toiseen puhelimeen tai esimerkiksi kaiuttimeen.

3. **Korttiemulointi: Korttiemulointi-tilassa älypuhelin voi toimia esimerkiksi maksu- tai matkakorttina.**

Lähimaksaminen älypuhelimella

Nykyaikainen älypuhelin on lähes kaikilla aina mukana. Sen vuoksi on luonnollista, että voit käyttää sitä myös maksuvälineenä. Lähimaksu puhelimella onnistuu kaikissa paikoissa, joissa on lähilukuominaisuudella varustettu maksupääte. Tunnistat lähimaksuun soveltuvat maksupäätteet *kaarisymbolista.*

Lähimaksun tunnus on kaarisymboli

Lähimaksaminen tapahtuu *lähimaksukortilla* tai *älypuhelimella,* jossa on lähiluvun mahdollistava *NFC-tagi* tai *sisäänrakennettu lähilukuominaisuus.*

Voit käyttää NFC-ominaisuudella varustettua puhelintasi lähimaksamiseen esimerkiksi kaupan kassalla, ravintolassa tai kerätä kanta-asiakasetuuksia. Älypuhelimella maksaminen vastaa tavanomaisella NFC-ominaisuudella varustetulla maksukortilla tapahtuvaa lähimaksua; voit maksaa 50 euron ja sitä pienemmät ostokset tunnuslukua näppäilemättä. Älypuhelin on sinun maksukorttisi.

Lähimaksuostokset veloitetaan automaattisesti yhdistelmäkorttien tapaan yleensä debit- eli pankkitililtä, mutta pankkien käytännöt vaihtelevat. Joillakin pankeilla puhelimen NFC-ominaisuuteen perustuva lähimaksupalvelu saattaa olla kuukausimaksullinen.

Puhelimessa *maksutapahtuman turvana* on aina vähintään puhelimeen etukäteen asetettu

- maksusovelluksen PIN-koodi tai
- näytön aukaisun PIN-koodi tai
- sormenjälkitunnistus.

Maksaminen tapahtuu viemällä puhelin lähimaksuominaisuudella varustetun *maksupäätteen* NFC-lukukohtaan (esimerkiksi maksupäätteen päälle tai kylkeen). Kun maksu on suoritettu, kuulet onnistuneen maksusuorituksen merkiksi äänimerkin. Jotta voisit ottaa puhelimesi lähimaksuominaisuuden käyttöön ja käyttää sitä maksukorttina kaupan kassalla, tarvitset

- NFC-puhelimen, jonka NFC-ominaisuus on aktivoitu (päällä). – Jos puhelimessasi ei ole NFC-ominaisuutta, et voi käyttää puhelintasi maksukorttina.
- oman pankkisi maksusovelluksen, jonka voit ladata Google Play Kaupasta (esimerkiksi S-pankin *S-mobiili*, Osuuspankin *Pivo* tai Nordean *Nordea Pay*)
- oman pankkisi verkkopankkitunnukset.

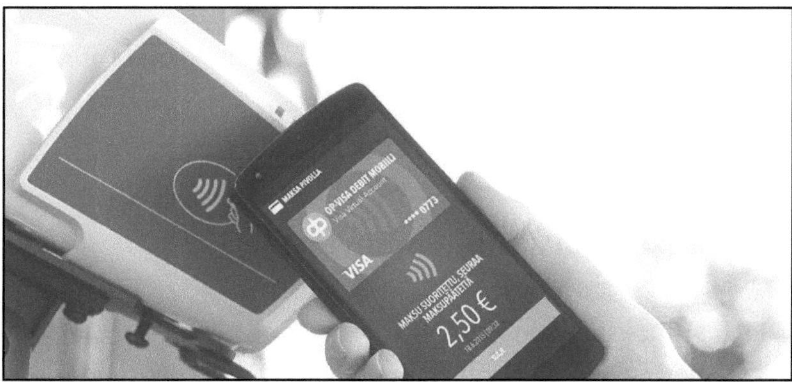

OP Pivo - lähimaksutapahtuma

Puhelimen lähimaksuominaisuuden käyttöönotto

1. Lataa puhelimeesi *oman pankkisi lähimaksusovellus* Google Play Kaupasta.

2. *Aktivoi lähimaksuominaisuus* oman pankkisi lähimaksusovelluksen ohjeiden mukaisesti.

3. Lähimaksuominaisuuden käyttöönotto puhelimessa, esimerkiksi:

    1. Avaa puhelimen *Asetukset*-sovellus
    2. Valitse *Yhteydet*
    3. Valitse *NFC ja maksu* (Suorita mobiilimaksuja, jaa tietoja ja lue tai kirjoita NFC-tunnisteita)
    4. Varmista, että NFC on käytössä: *Pois päältä/Päällä -valitsin on oikealla*
    5. Valitse *Napauta ja maksa*
    6. Valitse oletusmobiilimaksupalvelu, esimerkiksi S-mobiili, Pivo, G Pay, Samsung Pay, …
    7. Valitse Napauta ja maksa avatulla sovelluksella (niin, että valitsin on oikealla)

Lähimaksamisen poistaminen käytöstä

Voit poistaa lähimaksamisen käytöstä

- poistamalla lähimaksutoiminnon pankkisi maksusovelluksesta. – Kaikki maksusovellukset eivät tue tätä vaihtoehtoa.

- poistamalla NFC-toiminnon käytöstä puhelimen asetuksista. – Et kylläkään voi sen jälkeen käyttää muitakaan NFC-toimintoja!

– Huom! NFC:n käytöstä poistaminen poistaa myös Android Beamin ja muut NFC-ominaisuudet.

– Huom! Osa näistä tiedoista ei välttämättä koske täsmällisesti kaikkia älypuhelimia, koska Android-käyttöjärjestelmän versiot poikkeavat jonkin verran toisistaan.

Pankkien lähimaksusovelluksia
https://bit.ly/lähimaksaminen

Lähimaksutapahtuma

Kun NFC-puhelimeen on asennettu lähimaksun salliva sovellus ja lähimaksupalvelu on aktivoitu,

1. *avaa puhelimesi näyttö*

2. *anna maksutapahtuman suojakoodi, kuten näytön PIN-koodi, maksusovelluksen PIN-koodi tai sormenjälkitunnistautuminen*

3. *vie puhelin kaupan kassan maksupäätteen NFC-lukukohtaan (maksupäätteen päälle tai kylkeen). Kuulet äänimerkin onnistuneen maksun merkiksi ja ostokset veloitetaan tililtäsi.*

NFC-tagien kirjoittamisen avuksi

A. Www-osoitteen lyhentäjät

Jos teet NFC-tagin, joka johtaa lukijansa Internetsivulle (sisältää www-osoitteen), on hyvä käyttää ennen tagin kirjoitusta www-osoitteen lyhentäjää. Näin tagiin kirjoitettavasta www-linkistä tulee lyhyempi, helpommin luettava ja se vie tagilta vähemmän muistia.

Www-osoitteen lyhentäjät (URL-lyhentäjät) ovat joko *selainpohjaisia pilvipalveluita* tai *mobiililaitteiden sovelluksia*. Niiden avulla voit lyhentää minkä tahansa www-osoitteen. Kun luet lyhennetystä linkistä tehdyn NFC-tagin, ohjaudut alkuperäisen pitkän www-osoitteen mukaiselle www-sivulle.

Joillakin linkinlyhentäjillä voit tehdä lyhennetyn linkin, joka sisältää linkkejä useille www-sivuille (hae esimerkiksi *bundle url shortener, multiple url shortener tai linkmix.co*).

Www-osoitteen lyhennyspalveluja on Internetissä jopa satoja. Suosittu ilmainen linkinlyhentäjä on esimerkiksi *Bitly*.

Muita suosittuja linkinlyhentäjiä
TinyURL.com ja *v.gd*

– Huom! Googlen lakkautettua *Goo.gl-linkinlyhentäjänsä* se ei ole enää käytettävissä uusien linkkien lyhentämiseksi. Google kuitenkin takaa, että kaikki aiemmin Goo.gl-linkinlyhentäjällä lyhennetyt linkit toimivat normaalisti myös jatkossa.

Linkinlyhentäjät tekevät usein lyhennetyn www-osoitteen lisäksi myös *QR-koodin* ja keräävät NFC-tagin lukutapahtumista joitakin *tilastotietoja*.

Bitly-linkinlyhentäjä
(Www-selaimella)
https://bitly.com

Voit käyttää Bitly-linkinlyhentäjää myös mobiililaitteilla (> Google Play).

Bitly-linkinlyhentäjä
(**Mobiililaitteella** > Google Play)
https://bit.ly/bitly-lyhentäjä

Bitly käyttäjätili

Jotta voisit käyttää kaikkia Bitlyn ominaisuuksia, sinun tulee *rekisteröityä* Bitlyn käyttäjäksi. Valitse *Sign Up* ja anna pyydettävät tiedot. Kun olet rekisteröitynyt, kirjautuminen tapahtuu jatkossa kohdassa *Log In.*

Voit käyttää Bitly-linkinlyhentäjää myös ilman kirjautumista. Tällöin saat Bitlyä käyttäessäsi kuitenkin pelkästään lyhennetyn linkin. Et voi lisätä linkkiin selväkielistä *selitettä* etkä näe lyhennetyn linkin lukutapahtumien *tilastotietoja.*

Bitly-linkinlyhentäjällä voit

- lyhentää pitkän www-osoitteen
- lisätä lyhentämääsi linkkiin haluamasi selväkielisen selitetekstin
- jakaa lyhennetyn www-osoitteen
- seurata lyhennettyjen www-osoitteiden lukutapahtumia.

Esimerkiksi **Helsingin päärautatieaseman** pitkää Google Maps -osoitetta

> *https://www.google.fi/maps/place/Helsingin+p%C3%A4%C3%A4rautatieasema/@60.1718729,24.939233,17z/data=!3m1!4b1!4m5!3m4!1s0x46920bcd11e392db:0x560b9edee0bf2199!8m2!3d60.1718729!4d24.9414217*

vastaava linkki lyhenee Bitly-lyhentäjällä muotoon

> *https://bit.ly/2vER4nO*

https://bit.ly/hki-asema

Linkin lyhentäminen Bitly.com-pilvipalvelulla

1. Käynnistä *www-selain,* siirry sivulle *Bitly.com* ja *kirjaudu* palveluun.

2. Klikkaa *Create* ja liitä/kirjoita lyhennettävä linkki kohtaan *Paste Long URL* (liitä pitkä www-sivun osoite ja liitä se tähän!)

3. Valitse *Create (Lyhennä linkki).*

4. Voit nyt
   - kopioida (*Copy*) tai jakaa (*Share*) lyhennetyn linkin sekä muokata (*Edit*) sitä myöhemmin
   - muuttaa linkin *tunnistetekstin* haluamaksesi (*Title)*
   - muokata (*Customize)* lyhennettyä linkkiä tekemällä siitä helpommin muistettavan:
     – Korvaa *bit.ly/*-tekstin perässä oleva numero-kirjainyhdistelmä haluamallasi *helposti muistettavalla selväkielisellä, linkkiä kuvaavalla nimellä.* Jos nimi on jo käytössä, saat siitä ilmoituksen ja voit valita jonkin muun nimen.
     – Edellä oleva Helsingin päärautatieaseman Google Maps linkistä aiemmin lyhennetty linkki:

     https://bit.ly/2vER4nO

     voisi näyttää muokattuna (*Customize*) ”selväkielisenä” esimerkiksi tällaiselta:

     https://bit.ly/hki-asema

5. Tallenna linkki klikkaamalla lopuksi *Save.*

Tilastotietoja lyhennetyn linkin lukutapahtumista

Valitsemalla Bitlyn *Bitlinks*-sivun vasemmasta reunasta haluamasi lyhennetyn linkin saat tilastotietoja linkin (esimerkiksi lyhennetystä linkistä tehdyn QR-koodin) lukutapahtumista: Näet linkin (NFC-tagin)

- lukutapahtumien määrän aikajanalla (klikkausten lukumäärän)
- lukutapahtumien määrän
- lukutapahtumien sijainnin (maa).

Näet Bitly-lyhentäjällä lyhennetyn linkin tilastotiedot myös kirjoittamalla lyhennetyn www-osoitteen perään tekstin ”*.info*” (piste ja info) tai ”+”-merkin (plus-merkki).

– Huom! Bitlyn tilastotietoja ei voi nähdä kukaan muu kuin lyhennettyjen linkkien tekijä.

Lyhennettyjen linkkien tietoturva

Jos sinua askarruttaa, mihin lyhennetty linkki todella johtaa, voit käyttää *lyhennetyn linkin palautuspalvelua.* Saat alkuperäisen pitkän linkin

- lisäämällä lyhennetyn linkin perään + *-merkin (plusmerkki)*
- käyttämällä erityisiä *lyhennetyn linkin palautuspalveluita*, kuten
    - *Where Does This Link Go*
    - *GetLinkInfo*

- *Norton Snap QR code reader* -sovellus *lukee QR-koodin* automaattisesti ja samalla tunnistaa turvalliset sivustot ja estää haittaohjelmat. *https://bit.ly/norton-snap*

B. Mobiiliystävälliset www-sivut

Olet varmaankin joskus lukenut älypuhelimella tai tabletilla www-sivuja, jotka on suunniteltu ja optimoitu käytettäväksi tavallisen tietokoneen isolla näytöllä. Sivuilla saattaa olla paljon tekstiä, isoja kuvia, videoita tai jopa Flash-sovelluksia.

- Kun luet älypuhelimella tai tabletilla tällaisen www-sivun, sitä on vaikea lukea ja siltä on vaikea etsiä informaatiota.
- Informaation löytämiseksi näyttöä pitää zoomata ja vierittää vasemmalle, oikealle, ylös ja alas.
- Sivustolla liikkuminen voi olla vaikeaa, sillä valikot eivät välttämättä toimi mobiililaitteessa.
- Liian pieni fonttikoko saattaa aiheuttaa mobiililaitteen kosketusnäytöllä vääriä linkkivalintoja.
- Raskaan sivuston latausaika saattaa olla niin pitkä, että nopeaan tietokoneeseen tottunut käyttäjä ei malta odottaa www-sivun latautumista.

Jotta www-sivujen lukeminen älypuhelimella tai tabletilla olisi mahdollisimman joustavaa, niiden tulee olla *mobiiliystävällisiä*.

Kun teet *NFC-tagin www-osoitteesta*, varmista, että kohteena oleva www-sivu (*landing page*) on *mobiililaitteille sopiva*. Tagia luettaessa kohteena olevan www-sivun tulee skaalautua mobiililaitteille. On myös tärkeää testata NFC-tagin toimivuutta, mielellään useilla eri mobiililaitteilla.

Nykyaikaiset www-sivujen luontiohjelmat tekevät sivuista *automaattisesti skaalautuvat www-sivut (responsive web pages)*. Voit käyttää www-sivujen tekoon myös erityisiä mobiililaitteille tarkoitettuja mobiilisivujen luontiohjelmia. Nämä luovat yksinkertaisen mobiilisivuston, jota voit käyttää lähes millä tahansa mobiililaitteella. Myös joillakin NFC-tagien kirjoitussovelluksilla voit tehdä NFC-tagia varten oman mobiilisivun (landing page).

Mobiiliystävällisten www-sivujen luontiohjelmia

Aiemmin joistakin www-sivustoista tehtiin sekä tavallinen tietokoneella käytettävä versio että mobiiliversio. Kun www-sivustosta tehtiin erityinen mobiiliversio, sen www-osoite oli esimerkiksi muotoa *http://m.www-osoite.fi* tai *http://www-osoite.fi/mobi.*

Nykyaikaiset www-sivustot tunnistavat automaattisesti, millä laitteella (tietokone/tabletti/älypuhelin) käyttäjä lukee www-sivuja. Tällaiset automaattisesti mukautuvat (responsive) *www-sivut* toimivat hienosti ja näyttävät hyviltä kaikissa laitteissa.

Voit tehdä www-sivuston kätevästi erityisellä *www-sivujen luontiohjelmalla* Internet-selaimen avulla. Et tarvitse koodaustaitoja, vaan luot www-sivut helppokäyttöisellä graafisen käyttöliittymän *Drag and drop -editorilla,* ilman teknistä osaamista.

Voit valita sivustollesi ulkoasun (*template*) useiden kymmenien ulkoasujen joukosta sekä valita, minkä tyyppisen sivuston (*category*) haluat tehdä. Voit muokata kaikkia mallisivujen ominaisuuksia haluamallasi tavalla. Oman sivustosi julkaisu tapahtuu vain napin painalluksella!

Internetissä on maksullisten palveluiden ohella useita ilmaisia Internet-selaimella toimivia www-sivujen luontityökaluja. Ohjelmien maksullisella pro-versiolla saat ohjelmiin joitakin lisäominaisuuksia. Oheisen likin/QR-koodin kautta löydät joitakin suosittuja www-sivujen luontiohjelmia. Ne ovat pilvipalveluja, joten sinun ei tarvitse ladata mitään omalle tietokoneellesi eikä hankkia erityistä palvelintilaa.

Mobiiliystävällisten
www-sivujen luontiohjelmia verkossa
https://bit.ly/mobiilisivu

C. Ääni & video NFC-tagiin

Useimmat NFC-tagit johtavat lukijansa www-sivulle. Älypuhelimen näytön lukeminen ulkona kirkkaassa auringonpaisteessa saattaa olla hankalaa. Tämän vuoksi kannattaa harkita, voisiko esimerkiksi jonkin kohteen esittelemiseen käyttää tekstin sijaan ääntä. NFC-tagin liittäminen *äänitiedostoon* (puhetta tai musiikkia) on kätevää, sillä kaikki mobiililaitteet osaavat toistaa ääntä. Etuna tavanomaiseen tekstin lukemiseen on myös kuuntelun vaivattomuus. Tällöin ei myöskään ulko-olosuhteiden kirkas valo haittaa älypuhelimen tai tabletin näytön lukemista. Kuulokkeilla kuuntelu tapahtuu huomaamattomasti!

Lukemalla ääni-tagin esimerkiksi matkailija saa vaivattomasti selostuksen matkakohteesta, muistomerkistä tai vastaavasta kohteesta. Samoin opiskelija saisi NFC-tagin skannaamalla työohjeen tai selostuksen laitteen toiminnasta. *Puhuva NFC-tagi* on verraton myös toimintarajoitteisten henkilöiden apuna.

Tagiin kirjoitettavan informaation tulee olla kohtuullisen lyhyt, oli se sitten kirjallinen teksti tai äänite. *Ääni- ja video -NFC-tagi* toteutetaan yleensä siten, että itse ääni- tai videotiedosto tehdään mobiililaitteella tai tietokoneella. Tiedosto tallennetaan johonkin pilvipalveluun, mistä se linkitetään NFC-tagiin. Näin tagilta vaaditaan tilaa vain tarvittavan linkin verran.

– On myös mobiilisovelluksia, jotka NFC-tagia luettaessa muuttavat koodiin kirjoitetun tekstin suoraan puheeksi.

Äänitiedoston teko mobiililaitteilla

Voit tehdä äänitiedoston Google Play Kaupasta puhelimeen ladattavalla nauhoitussovelluksella ja linkittää äänitiedoston NFC-tagiin. Voit tehdä äänitiedoston joko

1. itse puhumalla
2. puhesyntetisaattorilla.

1. Äänitiedoston teko *puhumalla*

Google Play Kaupassa on useita älypuhelimeen asennettavia äänitysohjelmia, joilla voit tallentaa nauhoituksen suoraan verkon pilvitallennuspalveluihin. Näiden pilvipalveluiden käyttö edellyttää, että olet kirjautunut niiden käyttäjäksi.

Mobiililaitteiden nauhoitusohjelmat tallentavat äänitiedostoja useihin eri tiedostomuotoihin. Yleisin tiedostomuoto on *MP3*, joka lienee varmin valinta, jotta kaikki NFC-tagin lukijat pystyisivät kuuntelemaan äänitiedoston. Tarvittaessa voit muuttaa äänitiedoston MP3-tiedostoksi.

Ääninauhureita

Google Playstä voit ladata älypuhelimeesi *ääninauhurin*, joka *tallentaa äänitiedoston suoraan pilveen*. Kun olet tallentanut äänitiedoston, tee NFC-tagi äänitiedoston *julkisesta www-linkistä* jollakin NFC-tagien kirjoitussovelluksella.

Ääninauhureita
https://bit.ly/ääninauhureita

Koska itse äänitiedosto tallennetaan pilveen ja NFC-tagia kirjoitettaessa käytetään vain äänitiedoston www-linkkiä, äänitteen pituutta ei tarvitse rajoittaa. Kannattaa kuitenkin harkita, mikä on sopiva äänitteen pituus, jotta NFC-tagin lukija jaksaisi kuunnella sen. NFC-tagia luettaessa pitää luonnollisesti olla Internetyhteys käytettävissä.

Tiedostojen pilvitallennuspalveluita
Nauhoita puheesi älypuhelimesi nauhoitussovelluksella ja tallenna äänitiedosto johonkin tiedostojen tallennuspalveluun, kuten

- *Google Drive/One*
- *One Drive*
- *Dropbox*
- *Box.*

Pilvitallennuspalveluita
https://bit.ly/tallennuspalvelut

Samsung-puhelimien "äänitarrat"
Samsung-puhelimien *äänitarrojen* (= ääniviesti NFC-tagiin) avulla voit esimerkiksi tunnistaa esineitä kiinnittämällä niihin NFC-tageja. Äänitallenne toistetaan, kun asetat Samsung-puhelimesi tagin lähelle.

Tee äänitarra *Samsung*-puhelimen *Asetukset*-näytössä valitsemalla esimerkiksi *Helppokäyttöisyys* > *Lisäasetukset* > *Äänitarra*, jolloin puhelimen Ääninauhuri avautuu. Äänitiedosto tallentuu NFC-tagin tekijän omalle puhelimelle ja on kuunneltavissa vain ko. puhelimesta. (Voit etsiä ääninauhuria Samsung-älypuhelimen Asetukset-näytössä myös hakusanalla "*äänitarra*").

2. Äänitiedosto *puhesyntetisaattorilla*

Puhuva NFC-tagi:
Teksti muutetaan puheeksi älypuhelimen puhesyntetisaattorilla ja tallennetaan pilveen

Älypuhelimen, tabletin ja tietokoneen *Teksti-puheeksi (TTS) -toiminnolla* voit muuttaa minkä tahansa tekstin puheeksi. Puheääni on puhesyntetisaattorin tuottamaa, mutta nykyaikaiset syntetisaattorit puhuvat yhä parempaa kieltä ja ne ottavat huomioon myös puheen äänenkorkeuden vaihtelun. – Voit tallentaa puhesyntetisaattorin äänitiedoston pilveen ja *käyttää tiedoston julkista linkkiä NFC-tagin tekoon.*

Puhesyntetisaattorin käyttö edellyttää, että mobiililaitteessasi on *Teksti puheeksi -ominaisuus (TTS). Googlen tekstistä puheeksi* -sovellus on yleensä asennettu mobiililaitteeseesi jo valmiiksi.

Googlen tekstistä puheeksi -ominaisuuden avulla sovellukset voivat lukea näytöllä olevaa tekstiä ääneen. Ominaisuutta voi käyttää esimerkiksi näihin toimintoihin:

- *Google Play Kirjat* voi lukea kirjaasi ääneen.
- *Google Kääntäjä* voi lausua käännöksiä ääneen, jolloin kuulet, miten sanat äännetään.
- *TalkBack* ja *esteettömyyssovellukset* voivat antaa äänipalautetta käyttäessäsi laitteen toimintoja.

Saat Googlen tekstistä puheeksi -toiminnon käyttöösi Android-laitteessasi valitsemalla esimerkiksi

- *Asetukset > Kieli ja syöttötapa > Tekstistä puheeksi -toisto. Valitse Googlen tekstistä puheeksi -moottori ensisijaiseksi moottoriksi.*

Voit hankkia Google Play Kaupasta muitakin TTS-ääniä

Teksti puheeksi – puhesyntetisaattoreita
https://bit.ly/teksti-puheeksi

Joillakin puhesyntetisaattoreilla voit valita joko mies- tai naisäänen. Asetuksista voit muuttaa Puheen nopeutta ja Äänenkorkeutta sekä palauttaa tekstin puhenopeuden normaaliksi.

- Kirjoita tai liitä puhuttava teksti älypuhelimen puhesyntetisaattori-sovelluksen tekstikenttään. Kuuntele puhe ja tee tekstiin haluamasi muutokset. Voit muuttaa puhesyntetisaattorin tuottaman puheen nopeutta, äänenkorkeutta ja äänenvoimakkuutta.

- Kun olet tehnyt äänitiedoston, tallenna se haluamaasi pilvitallennuspalveluun ja tee tiedoston *julkisesta linkistä NFC-tagi.*

Puhuva NFC-tagi: NFC Tools -sovelluksella

NFC Tools -sovelluksella voit tehdä monien muiden toimintojen lisäksi *puhuvan NFC-tagin.* (Sekä tagin tekijän että lukijan puhelimeen pitää olla asennettu sekä *NFC Tools* että *NFC Tasks* -sovellus.)

- Huom! Pitkä puhuttava teksti vaatii tagilta enemmän muistia.

Puhuva NFC-tagi NFC tools -sovelluksella

1. Käynnistä puhelimesi *NFC Tools* -sovellus.

2. Valitse *TASKS > Add a task > Various > Text to speech.*

3. Kirjoita tai liitä puhuttava teksti tekstikenttään.

4. Hyväksy kirjoittamasi teksti näpäyttämällä *OK.* Kohdassa *Write* /XXX Bytes sovellus näyttää, kuinka suuri äänitiedosto on, joten voit valita sen mukaisesti riittävän suurimuistisen tagin.

5. Kirjoita informaatio NFC-tagiin valitsemalla *Write / XXX Bytes.*

6. Kirjoita äänitiedosto NFC-tagiin pitämällä puhelimen NFC-lukukohtaa tagia vasten, kunnes saat ilmoituksen, että tagin kirjoitus on valmis (*Write complete!*).

7. Valitse *OK.*

Äänitiedoston teko *tietokoneella*

Voit tehdä äänitiedoston myös *tietokoneella*. Internetistä löytyy useita omalle tietokoneelle asennettavia ääninauhureita ja vastaavia *pilvipalveluja*. Äänitiedoston teko tietokoneella vaatii hyvän mikrofonin, joten helpointa äänitiedoston tekeminen lienee älypuhelimella.

Äänitiedosto pitää tallentaa (julkisena) johonkin pilvitallennuspalveluun, esimerkiksi *Google Driveen/Oneen, DropBoxiin, One Driveen* tai *SoudCloudiin*, josta se voidaan linkittää NFC-tagiin.

Selainpohjaisia ääninauhureita:

Äänitiedosto tietokoneella (www)
https://bit.ly/web-ääni

Video mobiililaitteella

Kuvaa *video* oman älypuhelimesi videokameralla ja tallenna se esimerkiksi *YouTubeen.* Video-tagin voit tehdä

- videon www-osoitteen linkistä millä tahansa NFC-tagin kirjoitussovelluksella
- sellaisella NFC-sovelluksella (esimerkiksi NFC Tools), jossa on erityinen video-NFC-tagien kirjoitusmahdollisuus.

Videon tulee olla julkinen, jos tarkoituksena on, että muutkin voivat NFC-tagin luettuaan katsella videotasi.

Videon kuvaaminen
https://bit.ly/videon_kuvaaminen

NFC arjen apuna

NFC – moneen käyttöön

Voit tehdä NFC-tagin, joka esimerkiksi

- käynnistää puhelimessasi olevan sovelluksen
- käynnistää/pysäyttää puhelimesi soittolistan esityksen
- yhdistää matkapuhelimen omaan Wi-Fi -verkkoosi
- näyttää viestin tagin lukijalle
- soittaa puhelimessa suosikkikappaleesi
- soittaa puhelun ennalta määrittelemääsi puhelinnumeroon
- lähettää sähköpostiviestin ennalta määrittelemääsi osoitteeseen (vastaanottaja, aihe, viesti)
- jakaa yhteystietosi, esimerkiksi käyntikortin tiedot (vCard)
- näyttää tagin lukuhetken mukaisen sijaintisi kartalla.

Profiilit

Voit määritellä samaan NFC-tagiin kulloisenkin olinpaikkasi tai erilaisten tilanteiden mukaan useampiakin toimintoja. Tällaisia eri toimintojen yhdistelmiä, ”profiileja”, voit tehdä esimerkiksi seuraavanlaisia tarpeita varten:

- **Kotona-profiili**: Kotia ja työpaikkaa varten voit tehdä erilaiset profiilit. Sijaintisi mukaisesti voit kytkeä/säätää puhelimen Wi-Fi:n päälle/pois, Bluetoothin päälle/pois, GPS:n päälle/pois, hälytys-, viesti- ja soittoäänen tason, värinähälytyksen päälle/pois, näytön kirkkauden tason.

- **Yöpöydällä-profiili**: Voit tehdä NFC-tagin, joka mykistää puhelimen yön ajaksi, laittaa puhelimen värinätilaan, himmentää näytön kirkkautta, keskeyttää ilmoitukset, kytkee herätyksen päälle ja ottaa Wi-Fi:n ja Bluetoothin pois päältä.

- **Kotoa lähtiessä -profiili**: Kiinnitä kotisi ulko-oven pieleen tagi, jota hipaisemalla puhelimesi Wi-Fi ja Bluetooth kytkeytyvät pois päältä ja lisäät puhelimen soittoäänen voimakkuutta. Kun palaat kotiin ja näpäytät samaa tagia, puhelimen asetukset palautuvat ennalleen.

- **Vapaa-aika -profiili**: Vapaa-aika -profiili voisi kytkeä Wi-Fi:n pois päältä, kytkeä Bluetoothin päälle ja käynnistää vaikkapa karttasovelluksen.

- **Autossa-profiili**: Autossa-profiili voisi sisältää seuraavia toimenpiteitä: Wi-Fi pois päältä, Bluetooth päälle, radio tai kuulokkeet päälle, mobiilidata käyttöön, puhelimen navigointiohjelman käynnistys, puhelimen hälytys-, viesti- ja soittoäänen säätö haluamallesi tasolle, puhelimen musiikkisoittimen käynnistys.

- **Lentotila-profiili**: Puhelimen lentotila eli lentokonetila (*flight mode, airplane mode)* poistaa puhelu-, viesti- ja dataverkkoyhteydet käytöstä. Se poistaa myös yhteystoiminnot, kuten Wi-Fi:n ja Bluetoothin.

Kotona

Kun lisäät NFC-tagiin *kytkintoiminnon*, menee haluamasi toiminto joka toisella tagin lukemisella päälle ja joka toisella lukemisella pois päältä. Esimerkiksi puhelimen Bluetooth kytkeytyy joko päälle tai pois päältä.

- **NFC-tulostus:** Näpäyttämällä puhelimella tulostimen NFC-kohtaa, voit tulostaa valokuvia, sähköpostiviestejä, www-sivuja tai dokumentteja suoraan puhelimesta.

- **Älylukko**: NFC-teknologiaan perustuva älylukko aukeaa esimerkiksi NFC-tagin sisältämällä avaimenperällä, avainkortilla tai älypuhelimella.

- **Turvallisuus**: Tagia näpäyttämällä puhelin lähettää haluttuun kohteeseen esitäytetyn sähköposti- tai tekstiviestin. Viesti voisi olla lyhykäisyydessään. ”Olen kotona”, ”Kaikki kunnossa” tai ”Tule käymään”.

- **Keittiössä**: Keittiön lieden viereen sijoitettu NFC-tagi toimii munakellona tai muuna ajastimena.

- **Puhuvat purkit**: Voit kiinnittää NFC-tageja kotona oleviin arkipäivän esineisiin ja elintarvikkeisiin. Kun puhelimella hipaisee tagia, tagin sisältämä tai välittämä informaatio muuttuu puheeksi.

- **Jääkaappimagneetti**: Jääkaapin oveen kiinnitettyä NFC-magneettia napauttamalla voit tilata pitsan, soittaa äidille tai avata lähiravintolan ruokalistan.

- **Wi-Fi**: Kun kirjoitat Wi-Fi -verkkosi tiedot NFC-tagiin ja laitat tagin esimerkiksi kotisi ovenpieleen, ystäväsi voivat kirjautua Wi-Fi -verkkoosi vain tagia napauttamalla.

- **NFC-lukko**

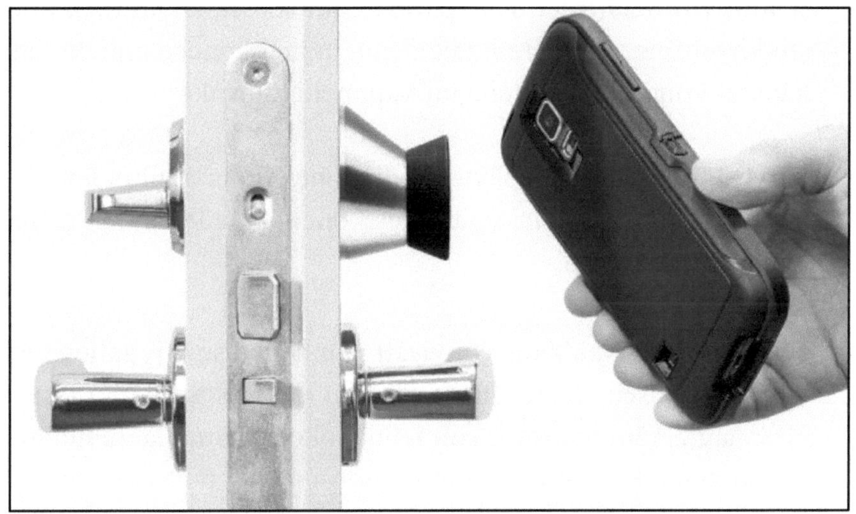

iLOQ NFC -lukko saa tarvitsemansa käyttöenergian NFC-toiminnolla varustetusta älypuhelimesta.

- **Rauhassa**: Jos haluat olla rauhassa niin, että sähköposti-, WhatsApp- tai Facebook-viestien äänet eivät häiritse, tee tagi, joka kytkee Wi-Fi:n pois päältä.

- **Varastolaatikko**: Kotona, autotallissa tai varastossa saattaa olla useita varastolaatikoita täynnä sekalaista tavaraa. Etsimistä helpottaa, jos kiinnität laatikoihin NFC-tagin, johon olet kirjoittanut laatikoiden sisällön.
- **Pehmolelu**: Piilota NFC-tagi esimerkiksi nalleen ja linkitä tagi www-sivulle, jossa on päivitettäviä kuvia, tekstiä tai ääniviesti. Näin voit pitää yhteyttä tai muistaa sinulle tärkeää henkilöä.

- **Kodinkoneet**: Voit parittaa älypuhelimen kanssa NFC-ominaisuudella varustetut kodin laitteet, kuten lämpöpumpun, pesukoneen, kuivausrummun, uunin tai jääkaapin ja ohjata niitä mistä tahansa.

- **Kodin viihdelaitteet**: Kun paritat kuulokkeet, kaiuttimet, musiikkisoittimen, kameran, television ja tietokoneen puhelimen kanssa, voit ohjata laitteita tai kuunnella musiikkia.

- **Käyttöohjeet**: Kun näpäytät kodinkoneisiin ja muihin laitteisiin kiinnitettyä NFC-tagia, voit lukea koneiden ja laitteiden tuotetietoa ja käyttöohjeita.

- **Puhuva tagi**: Nauhoita ääniviesti ja tallenna se pilvitallennuspalveluun. Tee sen jälkeen äänitiedoston julkisesta www-osoitteesta NFC-tagi. Äänitiedoston voit tehdä joko puhumalla, muuttamalla kirjoitetun tekstin puhesyntetisaattorin avulla puheeksi tai sovelluksella, joka tallentaa äänen suoraan tagiin.

Vapaa-aikana

- **Museossa**: NFC-puhelimen avulla saat näyttelyissä ja museoissa lisätietoja (tekstiä, kuvia, ääniopasteita tai videoita) näyttelykohteista, esineistä, taideteoksista, patsaista tai taiteilijoista.

- **Mobiilipolku**: Mobiilipolun tai -reitin varrelle sijoitetut tagit antavat matkailijalle tai retkeilijälle tietoa polun varrella olevista kohteista.

- **Vapaa-aikana**: Voit maksaa kaupassa ostoksia, avata kotioven tai hotellin oven NFC-avainkortilla. Kun näpäytät NFC-puhelimella mainosta tai mainostaulua, saat tietoa paikkakuntasi tapahtumista. Voit katsoa elokuvan trailerin, ladata puhelimeesi pääsylipun elokuviin tai konserttiin sekä käynnistää puhelimesi paikannuspalveluja.
– Voit myös käynnistää puhelimien välille Bluetooth-yhteyden ja lähettää tiedostoja, www-linkkejä ja valokuvia kaverisi puhelimeen.

- **Asiakaspalaute**: Lukemalla tuotteeseen kiinnitetyn tai palvelupisteessä olevan NFC-tagin voit antaa palautetta tuotteista ja palveluista.

- **Kirjastossa**: Näpäyttämällä puhelimella kirjaan kiinnitettyä NFC-tagia voit rekisteröidä lainauksesi. Kirjaston älyhylly tunnistaa kirjan tagin perusteella ja antaa tietoja hyllylle asetetusta kirjasta: arvosteluja, kirjailijatietoja tai tietoa kirjan aiheesta.

- **Kirjassa**: Kirjaan sijoitetut NFC-tagit elävöittävät kirjaa antamalla eri aiheista päivitettyä tietoa tai lisäinformaatiota; tekstiä, puhetta, musiikkia tai videoita.

- **Puhuva patsas**: Patsaan tai muistomerkin läheisyyteen kiinnitettyä tagia näpäyttämällä saat informaatiota kohteesta. Vastaavalla tavalla voit käyttää tagia mobiilioppaana esittelemään kaupungin nähtävyyksiä.

  Esittelyt on tehty yleensä siten, että www-selaimessa aukeaa video, jossa näyttelijän esittämä patsas puhuu ja kertoo, kuka hän on ja miksi hän seisoo siinä. – Vihje! Esityksen pituuden tulee olla lyhyt, sillä kukapa haluaisi kesähelteellä tai tuulessa ja tuiskussa tuijottaa pientä puhelimen kuvaruutua pitkään. Kannattaa harkita myös pelkkää ”asiallista” ääniselostusta kohteesta. Pelkän äänen kuuntelu vapauttaa liikkumaan kohteen läheisyydessä.

NFC-tagia näpäyttämällä saat tietoa patsaasta ja sen tekijästä.

(Veikko Leppänen, Äiti ja lapsi)

- **Fanipaita ja haalarimerkki**: Joukkueen tai seuran logon alle piilotettu NFC-tagi avaa www-sivun, joka tarjoaa faneille edullisemmat liput seuraavaan otteluun, muita etuja tai informaatiota.

- **Ranneke**: NFC-ranneketta voit käyttää virkistys- ja kuntosaleilla, uimahalleissa, messuilla kulunvalvontaan, pääsylippuna tai vaikkapa sijainnin seurantaan. Ranneke voi olla valmistettu paperista, muovista tai vedenpitävästä silikonista.

- **Sähköinen äänestys/mielipidetiedustelu**: Äänestyskortin näpäytys NFC-lukijaan rekisteröi äänen. Äänestystulos saadaan välittömästi äänestyksen päätyttyä.

- **Geokätköily**: NFC-tagien avulla voit harrastaa aarteenetsintää ja tehdä vaikkapa oman suunnistusradan.

- **Suunnistus älypuhelimella**: MOBO sovelluksen avulla voit tutustua suunnistukseen. Älypuhelin toimii karttana, kompassina ja leimauslaiteena. Rastipisteessä on NFC-tagi tai QR-koodi leimausta varten. Leimaustiedot siirtyvät sovelluksesta automaattisesti sovelluksen palvelimelle Internetiin.

https://www.suunnistusliitto.fi

- **Kateissa**: NFC-tagit auttavat kadonneiden tavaroiden; matkalaukun, puhelimen, tietokoneen, kameran, passin, rahapussin, urheiluvälineen, soittimen, lelun tai avaimien sekä lemmikkieläinten etsinnässä. Tagin lukija näkee omistajan osoitetiedot ja tagin lukutapahtuma lähettää omistajalle automaattisesti tavaran sijaintitiedon sähköpostina.

PetID lemmikkitagi (ActiveMEDI)

Työpaikalla

- **Työpaikalla/koulussa**: NFC-tagin näpäytyksellä avaat NFC-puhelimella työpaikkasi oven, leimaat kellokortin, kytkeydyt työpaikan Wi-Fi -verkkoon, mykistät puhelimesi äänihälytyksen ja kytket värinähälytyksen päälle, käynnistät puhelimesi ToDo-sovelluksen, maksat juoma- ja välipala-automaattiostoksesi, vaihdat NFC-käyntikortteja ja kirjaat itsesi ulos kotiin lähtiessäsi.

- **Työajan seuranta**: Kellokortti-sovelluksen ja NFC-puhelimen avulla seuraat työaikaasi.

- **Käyntikortti**: Tavanomaisten yhteystietojen lisäksi NFC-tagin sisältävä käyntikortti voi sisältää www-osoitteen, kartan ja opastuksen käyntikortin antajan luokse, kutsun tapahtumaan, valokuvan, mainoksen tai vaikkapa Spotifyn soittolistan. – Voit päivittää NFC-käyntikortin tietoja vielä senkin jälkeen, kun olet antanut kortin jo pois, joten kortin tiedot pysyvät aina ajan tasalla.

- **Yrityksessä**: Pienet yritykset, kuten kahvilat, ravintolat, parturikampaamot ja vastaavat voivat hyödyntää NFC:tä edistääkseen liiketoimintaansa ja lisätäkseen asiakastyytyväisyyttä. Tagia näpäyttämällä asiakas näkee yrityksen sijainnin esimerkiksi Googlen karttasovelluksessa, näkee liikkeen erikoistarjoukset, saa alennusta jostakin tuotteesta tai näkee ravintolan ruokalistan. On tärkeää, että potentiaalisella asiakkaalla on jokin hyvä syy lukea NFC-tagi!

- **Käyttöturvallisuustiedote**: Kemikaalipakkaukseen kiinnitetty NFC-tagi antaa tietoa kemikaalista ja kemikaalin ajantasaisen käyttöturvallisuustiedotteen.

Liikenteessä

- **Autossa**: NFC-puhelimella voit maksaa auton pysäköintimaksun, käynnistää puhelimen pysäköintiajastimen sekä avata auton, autotallin tai parkkihallin oven lukon.

- **Julkisessa liikenteessä**: Voit ladata matkalipun puhelimeesi, ostaa kausikortin, maksaa bussi- tai junamatkasi sekä saada bussipysäkillä tietoa aikatauluista ja mahdollisista viivästyksistä.

- **Kartalla**: NFC:n avulla voit käynnistää puhelimesi navigaattorin ja määritellä tarkan sijaintisi.

Autoon sijoitettujen NFC-tagien avulla voit käynnistää kätevästi haluamiasi sovelluksia.

- **Säästä puhelimesi akkua**: Jos olet matkalla tai paikassa, jossa ei ole käytettävissä Wi-Fi:ä tai mobiilidataa, säästät puhelimesi akkua, kun teet tagin, joka kytkee puhelimesi Wi-Fi:n ja mobiilidatan pois päältä.

- **Ajopäiväkirja**: NFC-tagin avulla voit käynnistää puhelimen ajopäiväkirjasovelluksen.

- **Auton tärkeät tiedot**: Kirjaa NFC-tagiin autosi tärkeät tiedot kuten auton rekisterinumero, katsastusaika, vakuutusyhtiö ja vakuutusnumero, rekisteröintitiedot, seuraava huolto, öljynvaihto, rengaspaineet ym. Kirjaa tagiin myös linkki autosi käyttöohjekirjaan Internetissä sekä tärkeät puhelinnumerot, kuten tie- ja hinauspalvelu.

Auton tärkeät tiedot on helppo lukea NFC-tagista. Magneetti-tagin voi tarvittaessa ottaa mukaansa.

- **Pysäköinti**: NFC-tagin näpäytys käynnistää esimerkiksi *Find my parked car* -sovelluksen, joka muistaa, mihin autosi on pysäköity ja opastaa sinut autollesi.

- **Esteetön navigointi**: Pyörätuolin ja lastenrattaiden kanssa liikkuvat henkilöt, ikäihmiset, mikseipä terveetkin henkilöt kaipaavat esteetöntä kulkua. Navigaattorisovellukseen merkataan esteetöntä kulkua haittaavat kohteet. Näpäyttämällä esimerkiksi rautatieasemalla NFC-tagia, navigaattorisovellus opastaa henkilön esteetöntä reittiä kohteeseensa. Karttaan voidaan merkitä myös esteettömien WC-tilojen sijaintipaikat.

Kaupassa

- **Kaupassa**: NFC-tagien käyttökohteita: asiakasuskollisuus- ja kanta-asiakassovellukset, mainonta- ja markkinointikampanjat, tarjoukset, asiakaspalvelu, ostosten maksaminen.

- **Tuotteen aitouden toteaminen**: NFC:tä voidaan käyttää tuotesuojana arvo- ja bränditutteille piratismia ja tuoteväärennöksiä vastaan sekä tuotteiden alkuperän ja tuotantoketjun luotettavuuden todentamiseksi erityisesti lääke- ja elintarviketeollisuudessa. Tagilla voidaan merkitä myös alkuperäisiä varaosia. Tagiin voidaan lisätä myös digitaalista tuotetietoa.

- **Käyttöohjeet**: Lukemalla tuotteessa olevan tagin saat tuotetietoja tai laitteen käyttöohjeen.

- **Tuotekyselyt**: Tuotepakkaukseen liitetyn tagin avulla voidaan suorittaa asiakaskyselyjä, markkinointikampanjoita ja välittää kuluttajille tuotteeseen liittyvää informaatiota, kuten tuoteselosteita ja videoita tai vaikkapa aterioiden valmistusohjeita.

- **Ostosseinä**: Asutuskeskuksiin, missä liikkuu paljon ihmisiä tai mikseipä syrjäseuduillekin, voidaan pystyttää ostosseinämiä (mainostauluja). Seinämä muodostuu tuotteiden kuvista. Jokaisen tuotekuvan kohdalla on NFC-tagi ja/tai QR-koodi, jonka lukemalla voi tilata ja maksaa tuotteen toimitettavaksi kotiin. Tuotevalikoima määräytyy sijoituspaikan mukaan; päivittäistavaroita, ruokatavaroita, leluja tai vaikkapa vessapaperia.

  Ostosseinä ei tarvitse varastoa eikä kassaa. Tilatut tavarat toimitetaan kotiin asiakkaan toivomalla tavalla ja aikana. Ostosseinä on verkkokaupan sovellus, jossa tuoteluettelo on Internetin www-sivun sijaan tulostettu julisteeksi. Vastaavalla tavalla voisi toimia vaikkapa pitseria.

- **NFC-postikortti**: Esimerkiksi joulu-, pääsiäis-, nimipäivä-, syntymä- tai muu tervehdyskortti, johon on valmistusvaiheessa laminoitu tai myöhemmin kiinnitetty NFC-tagi. Kortin lähettäjä kirjoittaa tagiin oman teksti-, kuva-, ääni- tai videotervehdyksensä.

- **Kanta-asiakaskortti**: NFC-tagien avulla voidaan toteuttaa palveluihin ja vähittäiskauppaan liittyviä asiakasuskollisuus- ja kanta-asiakassovelluksia.

- **Yrityksen fanitus:** Asiakkaat voivat seurata kiinnostavia palveluntarjoajia näpäyttämällä myymälän kassan viereen tai vaikkapa kahvilan pöytiin sijoitettua NFC-tarraa. Tagin kosketus puhelimella liittää asiakkaan kaupan, kahvilan tai tapahtumapaikan suosikiksi. Jatkossa asiakas saa puhelimeensa tietoa suosikkipaikkojensa tarjouksista ja tulevista tapahtumista.

- **Ostoskärryt**: Ostoskärryihin liitettyä NFC-tagia näpäyttämällä saat puhelimeesi tiedon päivän erikoistarjouksista.

- **Älyjuliste**: NFC-tagien avulla teet julisteesta (*smartposter*) tai esitteestä interaktiivisen. Tagin näpäytys vie lukijansa www-sivulle, Facebookiin tai näyttää esittelyvideon. Saat lisätietoa julisteen mainostamasta elokuvasta lukemalla NFC-tagin tai skannaamalla QR-koodin.

Sosiaalinen media

- **Sosiaalinen media**: NFC-tagilla voit kirjautua automaattisesti sosiaalisen median palveluihin, kuten Facebook, Twitter, LinkedIn, Pinterest, Instagram, Foursquare, Flickr, Skype, WhatsApp, Snapcaht tai SoundCloud.

Hoiva ja terveys

- **Mittalaitteet**: Verenpaine-, verensokeri-, kuume- ja askelmittarin sekä aktiviteettirannekkeen mittaustulokset siirtyvät NFC-tekniikan ansiosta langattomasti älypuhelimeen.

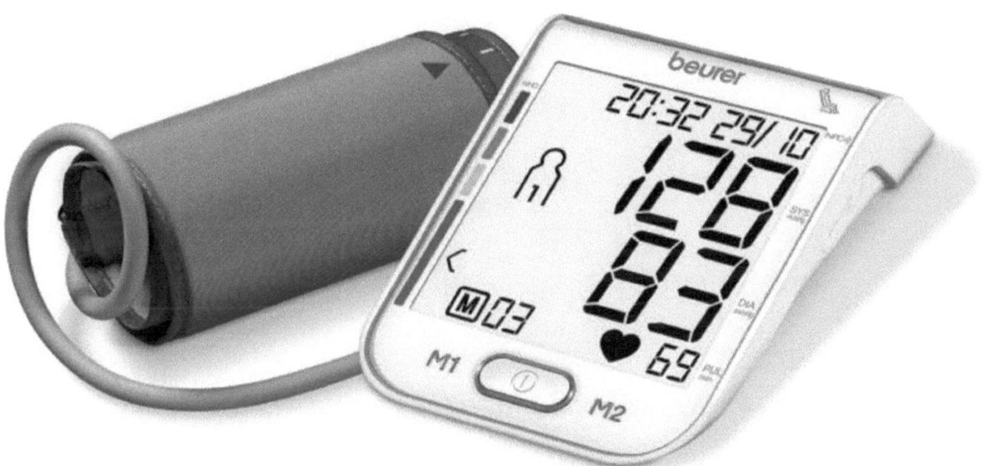

Beurer BM75 Verenpainemittari

- **Päiväkodissa:** Sähköisen asiointipalvelun (esimerkiksi *Päikky* ja *Daisy*) avulla lasten huoltajat varaavat päiväkodista lastensa hoitotarpeen. Palvelussa päiväkoti tai vanhemmat kirjaavat lapsen läsnäolevaksi perheen NFC-tagilla, esimerkiksi avaimenperällä tai puhelimella, joka toimii lasten omana sähköisenä kellokorttina.

- **Turvatuotteet**: Voit tallentaa NFC-tagin sisältämään turvatuotteeseen omat sairautesi, rokotukset, allergiat ja lääkkeet sekä tiedot lähiomaisistasi. Tarvittaessa terveydenhoitohenkilöstö voi lukea tarran, avaimenperän, rannekkeen tai älykorun muotoon tehdyn turvatuotteen sisältämän informaation NFC-puhelimella.

NFC-ranneke ja -tarra (ActiveMEDI)

Ravintolassa

- **Ravintola-menu:** Näpäyttämällä NFC-puhelimella ravintolan tai kahvilan pöytään tai ruokalistaan sijoitettua tagia, saat puhelimen näytölle ruokalistan. Saat myös tietoja aterioiden allergiaa aiheuttavista ainesosista.
  – Vieraskielisiä asiakkaita varten menusta voi olla valittavana eri kieliversioita. Myös kanta-asiakkuuden kirjaus ja maksaminen sujuvat NFC-puhelimella.

- **Interaktiivinen leikkipöytä**: Lasten vuorovaikutteisen leikkipöydän pöytätason alle sijoitetut NFC-tagit saavat pöydän elämään, kun lapset kuljettavat NFC-puhelinta pöydän päällä.

Lasten leikkipöytä (YouTube-video: McDonald's Happy Table)
https://bit.ly/leikkipöytä

- **Hotellissa**: Hotelleihin, lomakyliin tai leirintäalueille sijoitettujen tagien avulla matkailija saa tietoa paikallisista nähtävyyksistä, tilaisuuksista ja aikatauluista sekä itse kohteesta.

Esineiden Internet

Internet of Things (IoT) tarkoittaa esineiden Internetiä tai teollista Internetiä, joka yhdistyy langattomasti erilaisiin koneisiin ja laitteisiin, joita ohjataan, mitataan tai analysoidaan Internetin kautta. Esineiden Internet on vielä melko uusi asia, mutta sen uskotaan yleistyvän nopeasti ja helpottavan ihmisten arkea sekä kotona että työpaikoilla.

Esineiden Internetissä olevat esineet tunnistavat henkilön tämän ainutlaatuisten fyysisten ominaisuuksien perusteella biometrisillä tunnisteilla (esimerkiksi sormenjälki, silmän iiris, ääni tai kasvot), perinteisesti käyttäjätunnuksella ja salasanalla tai puhelimessa olevalla varmenteella. Esineiden Internet hyödyntää älypuhelimien Wi-Fi -, Bluetooth- tai NFC-yhteyttä.

Älykkäät palvelut yleistyvät ensin terveydenhuollon, kuntoilun sekä kodin- ja henkilöturvan laitteissa. Laitteet voivat mitata esimerkiksi sykettä tai verenpainetta ja lähettää mittaustulokset Internetin kautta sairaalaan. Turvajärjestelmiä, termostaatteja, ilmastointilaitteita tai vaikkapa valaistusta voi ohjata ja kytkeä päälle/pois mistä tahansa, missä on käytettävissä Internet-yhteys. Myös päälle puettavat tuotteet ovat osa esineiden Internetiä.

- **Puettavat laitteet**: Puettava laite voi olla esimerkiksi älyvaate, kuten urheiluvaate, joka mittaa käyttäjän lihasten toimintaa ja sydämen sykettä ja lähettää siitä tietoa toiseen laitteeseen, esimerkiksi älypuhelimeen. Myös älykello, älysormus ja aktiivisuusranneke ovat puettavia laitteita.

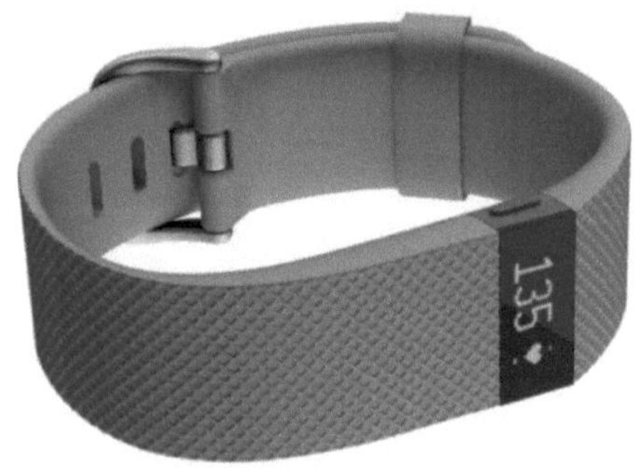

Fitbit Charge HR aktiviteettiranneke, Bluetooth ja NFC

- **Älysormus**: Tavallisen sormuksen näköinen älysormus sisältää NFC-tagin, johon kirjoitetaan haluttuja toimintoja. NFC-sormuksen avulla voit jakaa ja siirtää informaatiota, kuten www-linkkejä, kuvia tai yhteystietoja, käynnistää puhelimessasi haluamasi

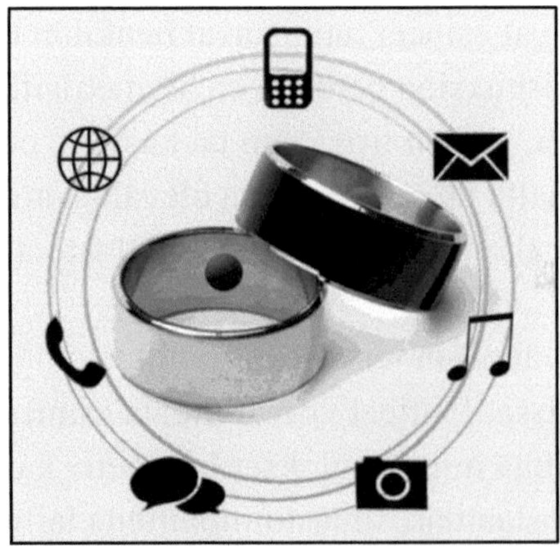

Jakcom R3F älysormus

sovelluksen, lukita ja avata kotisi oven sekä jopa maksaa ostoksesi.

- **Televisio**: Älypuhelimen näyttö voidaan peilata Televisioon (esimerkiksi Sony ja LG) NFC:n avulla. Koskettamalla älypuhelimen NFC-lukualueella kaukosäätimen NFC-merkkiä, puhelin yhdistyy televisioon ja puhelimen näytöllä oleva informaatio näkyy myös televisiossa. – Puhelimen näytön voi peilata televisioon myös ilman NFC-tekniikkaa, esimerkiksi *Chromecast*-tikun ja puhelimeen asennettavan *Google Home* -sovelluksen avulla.

- **Älykoru**: Älykorussa kulkevat esimerkiksi terveystiedot mukana lääkärikäynneillä ja matkoilla. Tarvittaessa ambulanssi- ja muu terveydenhuoltohenkilöstö saa nopeasti tärkeää tietoa potilaan terveydentilasta. Pilveen tallennetut tiedot luetaan NFC-puhelimella. Korun muotoon tehty turvalaite on kätevä, sillä se ei leimaa käyttäjäänsä kuten turvarannekkeen kanssa voi käydä.

Älyranneke (ActiveMEDI)

NFC-tagit toimintarajoitteisten arjessa

Monet ikäihmiset ovat siirtyneet eläkkeelle ilman, että he ovat olleet tekemisissä tietokoneiden kanssa työuransa aikana. Viime vuosina yleistyneet tabletit ja älypuhelimet eivät ole madaltaneet kynnystä tietoyhteiskuntaan siirtymisessä.

Ikääntyvien ihmisten osuus väestöstä kasvaa koko ajan. Vanhetessa niin näkö kuin motoriset taidotkin heikkenevät. Ikäihmisillä, näkörajoitteisilla ja mikseipä muillakin saattaa olla vaikeuksia tunnistaa asioita tai muistaa ottaa lääkkeensä.

Kauppareissu tai käynti jääkaapilla voi aiheuttaa ikävän yllätyksen. Koska paketit, purkit ja purnukat ovat kaikki vähän samanlaisia, voi kahviin sujahtaa joskus maidon sijaan piimää tai sokerin korvikkeeksi suolaa. Erityinen ongelma aiheutuu siitä, että käteen osuukin väärä lääkepurkki.

Ikäihmisten ja näkörajoitteisten henkilöiden kyky käyttää käsiään ja liikkeiden tarkkuus mobiililaitteiden ohjaamiseen hiirellä, sormella tai osoitinkynän avulla on heikompi kuin nuorilla ihmisillä. Myös kirjoittaminen saattaa olla hyvin hidasta, jos henkilö ei ole tottunut tietokonenäppäimistön tai puhelimen/tabletin virtuaalinäppäimistön käyttöön. Niin ikään heikentynyt muisti ja kyky uuden oppimiseen vaikuttavat puhelimen käytettävyyteen.

Toimintarajoitteisten henkilöiden elämää voidaan helpottaa ja elämänlaatua parantaa uuden tekniikan – kuten älypuhelimeen liittyvän NFC-tekniikan – avulla. Tällöin henkilö pysyy pidempään virkeänä ja hyväkuntoisena. Näin voidaan myös vähentää ja lykätä hoivan tarvetta.

Aina mukana kulkeva NFC-tekniikalla varustettu älypuhelin on hyvä apu ikäihmisten ja näkörajoitteisten ihmisten arjen tukena. Erityisryhmien ohella NFC-tagit antavat monenlaisia mahdollisuuksia myös tavallisille kuluttajille. NFC-tekniikkaa voidaan käyttää esimerkiksi tavaroiden tunnistamiseen tai puhuvana tuoteselosteena lääke- ja elintarvikepakkauksissa sekä lääkärin antamien ohjeiden muistiona. Tagit voivat antaa tuotetietoa myös ruoka-aineallergiaa ja yliherkkyyttä aiheuttavista aineista sekä kodinkoneiden käyttöopastusta.

Ikäihmiset ja näkörajoitteiset henkilöt voivat käyttää arjen askareissa apunaan älypuhelinta ja erilaisiin kohteisiin kiinnitettyjä NFC-tageja. Tagin koskettaminen puhelimella on luonnollinen tapa kommunikoida ja siksi se on myös helppo oppia. – Sen sijaan, että henkilö klikkaa näytöllä olevaa pientä ikonia, valikkoa tai kirjoittaa virtuaalinäppäimistöllä, hän koskettaa NFC-puhelimella tagia. Tällöin tagin kosketus suorittaa automaattisesti siihen kirjoitetun tehtävän.

Näpäyttämällä puhelimella NFC-tagia henkilö voi tunnistaa esimerkiksi lääkepakkaukset ja saa samalla lääkkeen annosteluohjeen. Tagi voidaan kiinnittää myös vaikkapa ruoka- ja juomapakkauksiin, vaatteisiin, CD-levyihin tai mihin tahansa. Tagin näpäytys kertoo, mikä tuote on kyseessä, minkä värinen se on tai mitä musiikkikappaleita CD-levyssä on. NFC-teknologia auttaa myös ruoka- ja lääkehuollossa. Tagien avulla voi tilata ruokaa ja ilmoittaa, että ruoka on syöty ja lääkkeet otettu.

Ihanteellista olisi, jos tagit olisi asennettu tuotteisiin kaupasta ostettaessa jo valmiiksi. Näin tagin lukemalla käyttäjä saisi tuotteen nimen lisäksi esimerkiksi tuotteen parasta ennen päivämäärän ja muuta tuotetietoa.

Designed by Freepik

Yhteydenpidon avuksi

Puhelinsoitto-tagi (NFC Tools + NFC Tasks)

Tavallisia äänipuheluja varten kannattaa tehdä tageja, joiden avulla ikäihmiset tai näkörajoitteiset henkilöt voivat soittaa lapsilleen, muille läheisille tai ystäville. Tagi voi olla kiinnitetty vaikkapa valokuvan tai nimikortin taakse.

Soitettaessa puhelimen näytön tulee olla auki ja NFC-ominaisuuden aktivoituna. Puhelun voi aloittaa niin, että soittajan ei tarvitse koskea lainkaan puhelimen näppäimiin (numerovalinta ja soitto). Soittaja vain näpäyttää puhelimellaan haluamansa henkilön tagia (kuvaa/nimeä) ja puhelu yhdistyy. Tämä menetelmä on kätevä silloin, jos tagin lukija ei itse kykene näpäyttämään puhelun avaavaa puhelinnumeroa.

Kun teet Puhelinsoitto-tagin …

1. Käynnistä *NFC Tools* -sovellus.

2. Valitse *TASKS > Add a task > Phone > Phone call > Kirjoita puhelinnumero* tai *Hae* (Android-logo ja nuoli) se puhelimesi puhelinluettelosta.

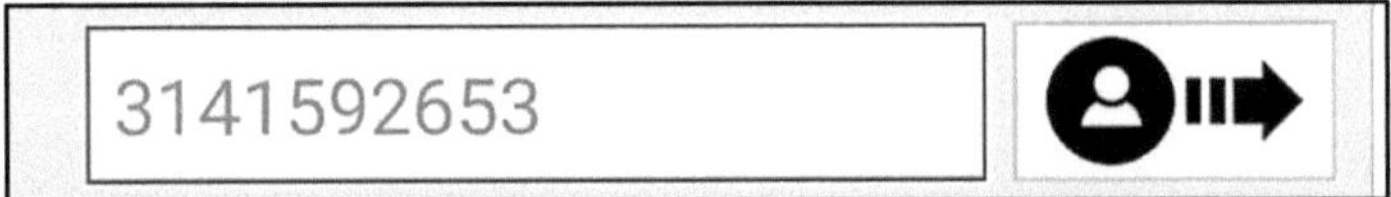

3. Valitse *OK > Write /XXX Bytes* (XXX = tagiin kirjoitettavan informaation NFC-tagilta vaatima tila) ja vie puhelimen NFC-lukukohta NFC-tagin päälle. Odota kunnes saat ilmoituksen ”*Write complete!*”.

4. Valitse *OK*. Tagiin on nyt kirjoitettu haluamasi puhelinnumero.

Kun luet Puhelinsoitto-tagin ja soitat puhelun ... (+NFC Tasks)
– Huom! Ennen kuin NFC-tagin lukija voi soittaa automaattisia puheluita, tagin lukijan (= soittajan) puhelimeen pitää asentaa *sekä NFC Tools että NFC Tasks* -sovellus ja puhelimelle pitää antaa *lupa soittaa automaattisia NFC-puheluita*. Lupa annetaan *NFC Tasks* -sovelluksella seuraavasti:

1. Käynnistä *NFC Tasks* -sovellus.

2. Valitse *Settings > Security configuration > Phone calls*

3. Näpäytä valintaruutua (*valittu*) ja poistu sovelluksesta. Tämä antaa luvan puheluihin ilman vahvistusta.

Voit nyt soittaa automaattisesti NFC-tagiin kirjoitettuun puhelinnumeroon näpäyttämällä puhelimella esimerkiksi tyttären valokuvaa, jonka taakse on kiinnitetty NFC-tagi.

Jos puhelimeen on asennettu useampia puhelusovelluksia, puhelin saattaa kysyä, tehdäänkö soitto tavallisena puheluna ”*Vain kerran*” vai ”*Aina*”. Jotta puhelin soittaisi automaattisesti, on parasta vastata ”*Aina*”.

NFC-kuutio: Koskettamalla puhelimella tagia voit soittaa haluamallesi henkilölle

Puhelun lopetus -tagi (NFC Tools + NFC Tasks)

Voit tehdä minkä tahansa puhelun lopettamista tai saapuvan puhelun hylkäystä varten oman NFC-tagin.

1. Käynnistä *NFC Tools* -sovellus.
2. Valitse *TASKS > Add a task > Phone > End a call.*
3. Kirjoita tiedot tagiin valitsemalla *Write /XXX Bytes.*
4. Vie puhelimen luku/kirjoitusalue tagin päälle ja odota kunnes saat ilmoituksen "*Write complete!*".
5. Valitse *OK*.

Kun lopetat puhelun ... (+NFC Tasks!)

Kun haluat lopettaa puhelun tai hylätä tulevan puhelun, näpäytä puhelimella tekemääsi *Lopeta puhelu -tagia.*

Tekstiviesti-tagi (NFC Tools)

Et voi tehdä NFC-tagia luettaessa automaattisesti lähetettävää Tekstiviesti-tagia, vaan sinun pitää (tagin lukemisen ja mahdollisen informaation lisäyksen jälkeen) lähettää tekstiviesti itse.

Kun teet Tekstiviesti-tagin …

1. Käynnistä *NFC Tools* -sovellus.

2. Valitse WRITE > *Add a record* > *SMS* > K*irjoita tekstiviestin vastaanottajan puhelinnumero* tai *Hae* (logo ja nuoli) se puhelimesi puhelinluettelosta.

3. Kirjoita haluamasi viesti (*Message*) vastaanottajalle.

4. Valitse *OK* > *Write /XXX Bytes* ja vie puhelimesi NFC-lukukohta NFC-tagin päälle. Odota kunnes saat ilmoituksen ”*Write complete!*”.

5. Valitse *OK*. Tagiin on nyt kirjoitettu tekstiviestin vastaanottajan puhelinnumero ja tekstiviestin sisältö.

Kun luet Tekstiviesti-tagin ja lähetät tekstiviestin ...

1. Vie puhelimesi selkämys tekstiviesti-NFC-tagin päälle.

2. Täydennä halutessasi Viesti-kenttään lähetettävä teksti.

3. Lähetä viesti näpäyttämällä viestin lähetysluvaketta (lennokin kuva)

Sähköposti-tagi (NFC Tools)

Tietokoneissa, puhelimissa ja tableteissa on omat sähköpostiohjelmansa. Ikäihmisille ja toimintarajoitteisille henkilöille niiden käyttö saattaa olla ylivoimaisen vaikeaa. NFC-tagien kirjoitusohjelmien sähköpostisovellukset ovat yksinkertaisia: näpäytä tagia, täytä lomake ja lähetä sähköposti. Sähköpostin luonnos voidaan kirjoittaa tagiin jo valmiiksi.

Kun teet Sähköposti-tagin …

1. Käynnistä *NFC-tools* -sovellus.

2. Valitse *WRITE > Add a record > Mail.*

3. Esitäytä haluamasi kohdat: *To/Vastaanottaja, Object/Viestin aihe* ja *Message/Viestin sisältö.*
   - Vähintään viestin *Vastaanottaja* pitää nimetä. Tehtävän tagin avulla lähetetään sähköpostia vain tälle henkilölle.
   - Viestin *Aihe* voisi olla esimerkiksi ”Terveisiä”.
   - Viestin *Sisältö* voisi olla vaikkapa ”Kaikki hyvin”, ”Soita minulle” tai ”Tule käymään”. Tiedot voi vastaanottajan sähköpostiosoitetta lukuun ottamatta jättää myös tyhjäksi, jolloin tagin lukija (= sähköpostin lähettäjä) täyttää ne.

4. Valitse *OK > Write /XXX Bytes* ja vie puhelimen NFC-lukukohta NFC-tagin päälle. Odota kunnes saat ilmoituksen ”W*rite complete!*”.

5. Valitse *OK*. Tagiin on nyt kirjoitettu sähköpostin lähettämiseksi tarpeellinen tieto. – Voit tehdä useita Sähköposti-tageja eri vastaanottajia varten ja nimetä ne sen mukaisesti.

Kun luet Sähköposti-tagin ja lähetät sähköpostiviestin ...
Näpäytä puhelimen NFC-lukukohdalla tietylle vastaanottajalle nimettyä Sähköposti-tagia. Saat puhelimen näyttöön sähköpostiviestin, jossa on jo valmiiksi täytettynä ainakin vastaanottajan sähköpostiosoite. Täytä mahdolliset puuttuvat tiedot ja lähetä viesti näpäyttämällä (esimerkiksi) lennokin kuvaa.

Skype-tagi (NFC Tools)

Kun teet NFC Tools -sovelluksella *Skype-tagin*, tagin lukija voi soittaa Skypellä äänipuhelun. Tagin lukijan puhelimeen tulee olla asennettu Skype ja sen pitää olla aktiivinen (kirjautunut).

Kun teet Skype-tagin ...

1. Käynnistä *NFC Tools* -sovellus.

2. Valitse *WRITE > Add a record > Social networks > Skype*

3. Kirjoita Skype-puhelun *vastaanottajan Skype-nimi*.
   Skype-puhelun vastaanottajan Skype-nimen löydät esimerkiksi seuraavasti:
   - Valitse puhelimesi Skypestä henkilö, jolle soitat.
   - Klikkaa ko. henkilön nimeä näytön yläreunasta.
   - Vieritä näyttöä, kunnes näet ko. henkilön Skype-nimen.

4. Valitse *OK > Write /XXX Bytes* ja vie puhelimesi NFC-lukukohta NFC-tagin päälle. Odota kunnes saat ilmoituksen ”*Write complete!*” ja valitse *OK*. Tagiin on nyt kirjoitettu Skype-puhelun tiedot ja ko. henkilön Skype-nimi.

Kun luet Skype-tagin ja soitat Skypellä ...

Jotta voit lukea NFC-tagin ja soittaa Skypellä, sinun tulee olla ensin kirjautuneena Skypeen. Kun kosketat puhelimellasi Skype-tagia, Skype soittaa tagin mukaiselle henkilölle. Valitse pyydettäessä ”Aloita puhelu”.

Sovelluksen käynnistys -tagi (NFC Tools)

NFC Tools -sovelluksella voit tehdä tageja, joiden luku käynnistää tagin lukijan puhelimeen asennetun sovelluksen, kuten Radion, Ampparit, Iltalehden, Iltasanomat, Kalenterin, Yle Areenan, MTV Katsomon, Navigointiohjelman, Karttaohjelman tai vaikkapa Sää-sovelluksen.

Kun teet Sovelluksen käynnistys -tagin ...

1. Käynnistä *NFC Tools* -sovellus.

2. Valitse *WRITE > Add a record > Application > Hae* (Android-logo ja nuoli) haluamasi *sovellus* omasta (tagin kirjoittajan) puhelimesta (esimerkiksi Ampparit).

3. Valitse *OK > Write* ja vie puhelimesi NFC-lukukohta tagin päälle. Odota kunnes saat ilmoituksen ”*Write complete!*”.

4. Valitse *OK*. Tagiin on nyt kirjoitettu informaatio, joka NFC-puhelimella luettaessa käynnistää sovelluksen. Nimeä tagi, esimerkiksi: Ampparit.

Kun luet Sovelluksen käynnistys -tagin ja käynnistät sovelluksen ... Kosketa puhelimen NFC-lukukohdalla esimerkiksi Ampparit-nimistä tagia, jolloin Ampparit-sovellus käynnistyy ja saat puhelimesi näytölle viimeisimmät uutiset.

Jos luet NFC-tagin, joka vaatii auetakseen jonkin erityisen sovelluksen, mitä ei ole asennettu puhelimeesi, puhelimen selain siirtyy Google Play Kauppaan ja ehdottaa ladattavaksi tarvittavan ohjelman.

NFC-tagien avulla voit käynnistää älypuhelimen sovelluksia
Designed by Creativeart / Freepik

NFC-teknologiaan perustuvia maksuautomaatteja

Makeisautomaatin ostokset voi maksaa NFC:n avulla

Pysäköintimaksuautomaatilla voit valita myös NFC-maksun

NFC-Matkakortti (Helsingin seudun liikenne)

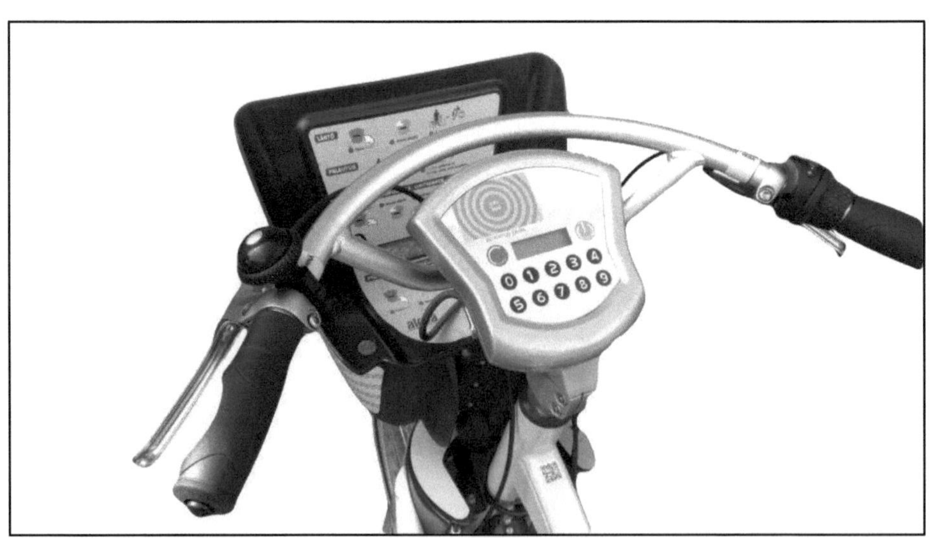

NFC-Matkakortilla voit maksaa kaupunkipyörän käytön

NFC-linkkejä verkossa

NFC-linkkejä

https://bit.ly/nfc-linkit